中国地质大学（武汉）实验教学系列教材
中国地质大学（武汉）实验教材项目资助（SJC-202301）

含油气盆地沉积学实习指导书

HAN YOUQI PENDI CHENJIXUE SHIXI ZHIDAOSHU

马奔奔 周江羽 王家豪 ◎ 编著

中国地质大学出版社
ZHONGGUO DIZHI DAXUE CHUBANSHE

图书在版编目(CIP)数据

含油气盆地沉积学实习指导书/马奔奔,周江羽,王家豪编著. —武汉:中国地质大学出版社,2024.11. —(中国地质大学(武汉)实验教学系列教材). —ISBN 978-7-5625-6026-5

Ⅰ. P618.130.2

中国国家版本馆 CIP 数据核字第 2024YV9371 号

含油气盆地沉积学实习指导书	马奔奔　周江羽　王家豪	编著
责任编辑:张　林	选题策划:张　健	责任校对:张咏梅
出版发行:中国地质大学出版社(武汉市洪山区鲁磨路388号)		邮编:430074
电　　话:(027)67883511	传　　真:(027)67883580	E-mail:cbb@cug.edu.cn
经　　销:全国新华书店		http://cugp.cug.edu.cn
开本:787mm×1092mm　1/16	字数:173千字	印张:6.75
版次:2024年11月第1版	印次:2024年11月第1次印刷	
印刷:武汉市籍缘印刷厂		
ISBN 978-7-5625-6026-5		定价:48.00元

如有印装质量问题请与印刷厂联系调换

前　言

"含油气盆地沉积学"是一门实践性很强的专业主干必修课程，为加深学生对课程内容的理解，加强学生野外和室内实践能力，结合新一轮教学计划，安排了24学时的野外和室内实践教学。本实习指导书主要内容包括标本（包括钻井岩芯和野外露头样品）的观察和描述、单井沉积（微）相解释和编图、沉积相解释和编图、野外实习路线考察、钻井岩芯观察和描述、碎屑岩粒度分析方法、岩石薄片观察与描述、成岩物理模拟实验、成岩数值模拟实验以及沉积储层实验室设备仪器简介。

本实习指导书针对当前沉积学在油气地质勘探和开发中的具体应用和需求，是在多年科研和教学实践中不断总结经验的基础上编写而成的，目的是加强学生对基本概念、基本原理和基本技能的理解和巩固，有利于提高学生的实际应用技能。通过实习，要求达到5个目标：① 学会常见沉积构造的观察、鉴定和描述方法，掌握野外露头的观察和初步沉积学分析方法；② 掌握单井沉积相图和沉积相平面分布图的编制；③掌握钻井岩芯观察和描述的基本内容和方法，掌握粒度分析基本原理和方法；④ 掌握碎屑岩和碳酸盐岩薄片观察和描述的基本方法；⑤了解并掌握成岩模拟实验的基本流程与操作方法，总结成岩演化过程的控制因素。

本实习指导书是根据新一轮教学大纲和教学计划编写而成，马奔奔负责全书统筹，编写实习六至实习十；周江羽编写实习一至实习三；王家豪编写实习四和实习五。该实习指导书参考和引用了邬金华(1991)《沉积岩石学实习指导书》和操应长(2002)《沉积学实验方法和技术》的部分成果，在此表示感谢。由于编者水平所限，加上时间仓促，实习内容安排和阐述上难免有疏漏和不妥之处，恳请广大读者批评指正。

编著者

2024年5月

目 录

实习一　标本(包括钻井岩芯和野外露头样品)的观察和描述 …………… (1)
实习二　单井沉积(微)相解释和编图 ………………………………………… (5)
实习三　沉积相解释和编图 …………………………………………………… (7)
实习四　野外实习路线考察 …………………………………………………… (12)
实习五　钻井岩芯观察和描述 ………………………………………………… (15)
实习六　碎屑岩粒度分析方法 ………………………………………………… (19)
实习七　岩石薄片观察与描述 ………………………………………………… (42)
实习八　成岩物理模拟实验 …………………………………………………… (53)
实习九　成岩数值模拟实验 …………………………………………………… (55)
实习十　沉积储层实验室设备仪器简介 ……………………………………… (57)
附录一　碎屑岩结构 …………………………………………………………… (63)
附录二　典型沉积构造照片 …………………………………………………… (66)
附录三　碳酸盐岩结构 ………………………………………………………… (71)
附录四　典型薄片镜下照片 …………………………………………………… (75)
附录五　沉积相编图图例 ……………………………………………………… (80)
附录六　汉英基础沉积学词汇 ………………………………………………… (84)
主要参考文献 …………………………………………………………………… (101)

实习一　标本(包括钻井岩芯和野外露头样品)的观察和描述

一、实习目的和意义

本实习以学会常见沉积构造的观察和描述方法和内容,掌握常见沉积构造的特征及其识别标志,理解常见沉积构造的形成过程,明确沉积构造的指相意义,学会并掌握利用沉积构造进行沉积环境分析的方法和原理为目的。野外或岩芯标本观察具有直观、直接的特点,是确定沉积相类型及沉积亚相、微相组成的重要手段,在测井相、地震相向沉积相转换的过程中起着桥梁作用。

二、实习内容

(1)标本岩石学特征观察,包括颜色、岩性、成分、粒度以及分选性、磨圆度等。
(2)各类沉积构造观察与识别,具体包括以下几项。
层理:水平层理、波状层理、浪成沙纹层理、槽状交错层理、楔状交错层理、板状交错层理、羽状交错层理、平行层理、块状层理、粒序层理、变形层理。
层面构造:波痕(直脊波痕、曲脊波痕、对称波痕、干涉波痕)、槽模、冲刷面。
同生变形构造:重荷模、火焰构造、滑塌变形构造。
暴露成因构造:干裂、雨(冰雹)痕。
化学成因构造:假晶、鸟眼、结核。
生物成因构造:生物扰动构造、生物遗迹构造(居住迹、觅食迹、爬行迹)。

三、实习步骤

(1)全面观察各类标本。
(2)开展课堂讨论并发言,阐述典型标本的岩石学、沉积学特征,分析其沉积相意义和成因机制。
(3)完成课堂实习报告。

四、课堂报告要求

完成 3 块不同类型标本的观察和描述,具体内容如下:① 分析岩石类型及结构;② 识别沉积构造类型;③ 描述沉积构造形态、要素,并画出素描图;④ 分析水动力特征,初步判断沉积环境,对流动成因的构造指明古水流方向。

五、实习指导

在实习过程中,首先详细观察手标本,全面了解岩石的颜色、成分、结构、风化特点;随后对标本进行沉积构造识别,并分析其反映的沉积作用。

(一)颜色

颜色能提供沉积环境是氧化、还原与否的直观认识。其中,紫红色、褐红色等为氧化色调;灰绿色反映为水体不深的半还原环境;深灰色—灰黑色则反映为深水还原环境。岩石的颜色往往不是单一颜色,描述时主要颜色放后,次要颜色放前,如紫红色、灰绿色等。颜色的观察要分清原生色和次生色。次生色为后期风化淋滤或浸染形成,不能反映原生沉积环境。因此,新鲜面的原生色是描述的重点。

(二)碎屑颗粒成分及含量

碎屑颗粒成分及含量能反映沉积岩的矿物成熟度,稳定矿物含量高(如石英、燧石颗粒),表明沉积物历经长距离的搬运或波浪的反复冲刷等;相反,不稳定矿物含量高,则反映短程搬运和快速堆积。陆源碎屑岩主要有石英、岩屑、长石、云母、重矿物等。

(三)岩石结构

陆源碎屑岩的结构包括碎屑颗粒结构、胶结物结构、杂基结构、支撑类型等。碎屑颗粒结构主要包括颗粒的粒度(大小、分选性)、形状、圆度、球度及颗粒表面特征,是沉积岩结构成熟度的重要指标。颗粒的分选、磨圆好,结构成熟度高,反映沉积物历经长距离的搬运或波浪的反复淘洗改造;反之,则反映短程搬运和快速堆积。

(四)沉积构造

沉积构造观察、描述是本次实习的重点。几类沉积构造观察描述的要点如下。

1. 流动成因构造的观察描述

(1)层理:层理是指沉积物(岩)由成分、结构、颜色及层的厚度、形状等垂向的变化而显示出来的一种构造。组成层理的要素有层系组、层系、纹层。详细的观察和描述的步骤和内容包括:①分清纹层、层系、层系组,确定层系界面和层的界面;②纹层、层系厚度的测量,确定层理的规模;③层理内部构造和构成方式的观察和描述,测量纹层、层系的产状;④分析层理形成的环境及其水动力条件。对于能确定古水流方向的,需确定古水流方向。

(2)波痕:波痕是常见的层面构造之一,是由于风、水流或波浪等介质的运动,在沉积物表面所形成的一种波状起伏的层面构造。可利用波痕的形态特征、波浪的大小和波痕指数等来恢复波痕的形成条件。描述波痕的基本术语主要有波峰、波谷、波脊、波长(L)、波高(H)、迎流面、背流面、波痕指数(RI)、对称指数(SI)等。波痕按成因可分为水流波痕、浪成波痕、风成波痕、干涉波痕和改造波痕,它们之间的差异表现在对称性、波脊形态和分叉、合并特征以及内部构造上。

(3)槽模(槽铸型):槽模是分布于砂岩底面的一种印模,是由于水流的涡流对泥质物表面侵蚀而形成许多凹坑,后被砂质充填,在上覆砂岩底面形成的一系列规则而不连续的突起。利用槽模可判断古水流方向,槽模的延伸方向为水流方向,且浑圆状突起端迎着水流方向。

(4)沟模(沟铸型):沟模也是分布于砂岩底面的脊状印模。需注意观察脊状印模的延伸长度、方向、高度、分布状况等。利用沟模也可判断古水流方向,沟模的脊延伸方向为水流方向。槽模和沟模均分布于岩层的底面,且常共生,因此可利用它们判断地层的顶底。

2. 暴露成因构造的观察描述

(1)雨痕和冰雹痕:雨痕和冰雹痕常为上覆沉积物充填,上覆沉积物底面上可见圆形或不规则形状的凸状印模。观察中应注重雨痕的形态、大小、深浅。冰雹痕与雨痕相似,但比雨痕宽而深,形状不规则。

(2)泥裂(干裂):软泥状态的沉积物露出地表后干涸收缩形成的裂缝使沉积物表面被分割成多边形块体。裂缝剖面一般呈"V"字形,裂块呈多边形,且裂块中央凹、四周微翘。裂缝中常充填上覆沉积物。应注意观察裂缝的剖面和平面形态。可利用裂缝"V"字形断面确定上下层面,因为裂缝尖端指向下层面,裂块凹面一般向上。

3. 同生变形构造的观察描述

同生变形构造主要包括包卷层理、重荷模、滑塌构造、砂球及球枕构造、砂火山、砂岩岩脉、碟状构造等。

(1)包卷层理:沉积纹理发生变形,形成褶皱,但纹理仍是连续的,没有被错断。

(2)重荷模:发育于岩层的底层面上圆丘状或不规则的瘤状突起。注意与槽模的区别,前者多不规则和无定向性。注意观察瘤状突起的形态、大小、高度以及分布状况等。

(3)砂球及球枕构造:分布于泥质之中的砂质椭球体或枕状体。注意观察砂球、球枕体的形态、大小、与砂岩层的关系以及围岩的特征等。

(4)滑塌构造:沉积层在尚未固结的状态下,因重力作用发生运动和位移所产生的变形构造,可引起沉积物的揉皱、断裂、角砾化等。观察中应注意变形构造的准同生特征,以区别后期褶皱构造。

4. 化学成因构造的观察描述

(1)晶体印痕、假晶:注意观察晶体的形态、颜色等特征,确定矿物成分。矿物成分指示形成环境,石盐和石膏晶体或假晶存在说明沉积时盐度较高且在干燥气候条件下形成;黄铁矿则说明当时为还原环境。

(2)结核:结核是岩石中自生矿物的集合体。这种集合体在成分、结构、颜色等方面与围岩有显著差异。结核观察与描述的内容包括成分、结构、颜色、大小、分布及与围岩中纹层之间的关系,以便判断结核的形成时间。可分为同生结核、成岩结核和后生结核。

(3)缝合线构造:注意观察缝合线分布、是否切穿颗粒、与层面的关系、开启性和充填情况以及围岩特征。

(4)鸟眼构造：鸟眼构造为碳酸盐岩潮坪环境的标志性构造，藻类腐烂后留下的空洞或被亮晶后期充填，一般1～3mm大小，具扁平的鸟眼形态。观察中注意碳酸盐岩的岩性识别和鸟眼形态的观察，充填的鸟眼构造需辨析亮晶与原岩的差别。

5. 生物成因构造的观察描述

生物成因构造主要包括生物遗迹构造、生物扰动构造和植物根迹等。

(1)生物遗迹构造：根据形态及行为方式，可分为居住迹、爬迹、停息迹、进食迹、觅食迹、逃逸迹、耕作迹等。遗迹的形态分为简单垂直管状、"U"形、直-弯曲形、蛇曲形、环曲形、螺旋形、星射形、树枝形、网格状等。描述内容主要包括痕迹的形态、大小和空间展布特征（方位、深度等），潜穴内部构造特征，保存方式，丰度，伴生的其他痕迹及其相互关系、居群密度、围岩性质等。

(2)生物扰动构造：一般是不具有确定形态的，其识别标志主要为砂岩中层理遭破坏，在泥质沉积物中显示斑点构造等。描述内容主要包括扰动强度、分布等。

(3)植物根迹：保存在沉积地层中的植物根系，但在岩芯中或局部露头所显示的根迹，大多数仅是根系的一部分或极少的部分。根迹在岩石中常呈现不同的形态，如垂直状、辐射状、须状、扁平状等，在一定程度上反映了根系的生态特点。

实习二　单井沉积(微)相解释和编图

一、实习目的和意义

单井沉积相解释和编图是沉积相分析的重要基础工作,目的是利用钻井岩性组成、沉积构造和测井曲线特征,分析钻井各个层段的沉积微相(优势相)特点和沉积演化规律,为区域钻井对比和沉积相编图提供依据。单井沉积(微)相解释及编图对于沉积环境解释、砂体对比及时空分布、储层综合评价和预测具有重要科学意义。

二、实习要求

(1)各班级以小组为单位,每组 4~5 人,共 7~8 个小组。
(2)以伊通盆地岔路河断陷万昌构造带为例。
(3)每个小组选择 1 口单井完成单井(取芯段)沉积微相解释编图。
(4)每个小组选择 1 个层段,完成其他所有钻井该层段的单井微相解释,作为沉积相解释和编图实习的基础资料。

三、实习所用资料包

工区的区域地质概况;工区底图及钻井分布图;钻井地层分层数据;钻井柱状图;岩芯描述;钻井岩芯照片;测井曲线;单井沉积相解释图件模板;单井沉积相解释图例;地震属性反演资料。

四、实习所用软件

CorelDRAW 软件。

五、实习步骤

(1)了解研究区区域地质概况,包括研究区位置、地层分布、构造和沉积特点、钻井分布、油气勘探现状等。
(2)选择 1 口钻井取芯段来编制单井沉积微相图。
(3)利用钻井分层资料,研究你所编图层段的岩性组成、沉积构造、岩芯照片和测井曲线特征,分析单层砂体的沉积学特征和形成环境。
(4)利用 CorelDRAW 软件,导入单井沉积相解释图件模板进行编图。
(5)分析沉积相组成及沉积演化特点,提交文字报告和相应图件。

（6）报告提纲（可分小节描述）。①研究区区域地质概况：描述研究区的地理位置和构造位置、构造特点、地层发育、油气勘探现状等（要有研究区位置图）；②单井沉积微相研究的思路和方法（要有流程图）；③沉积相类型及特点：岩性组成类型及特点、沉积相识别和划分依据（岩性、沉积构造、测井曲线特征等）、沉积相及微相类型、沉积相特点等（要有单井沉积相解释图）；④沉积演化：从单井沉积相组成和特点方面，简要论述从早期到晚期单井沉积环境的演化规律（水平面变化、砂体进退等）；⑤认识和建议：总结本次实习的主要认识与结论，自己的体会和感想，存在问题与建议。

六、单井沉积（微）相（取芯段）解释编图实例（图 2-1）

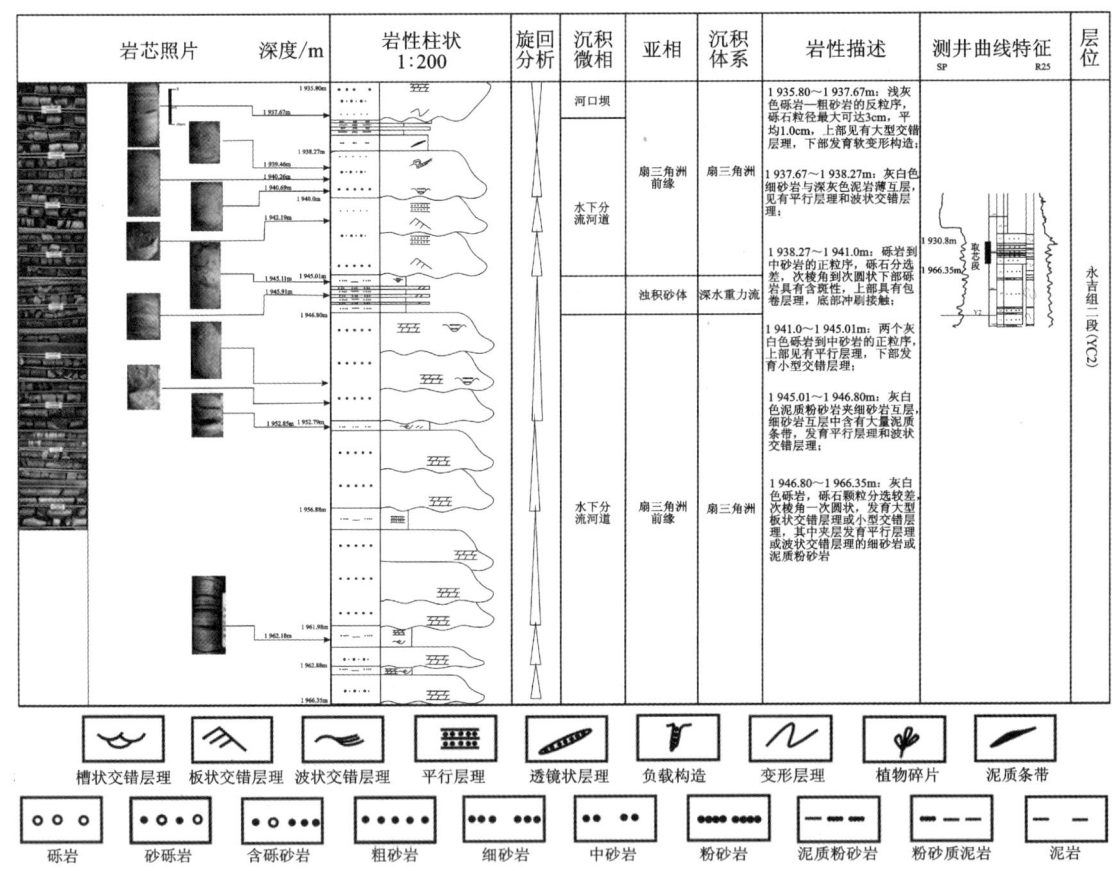

图 2-1　昌 17 井取芯段沉积（微）相及测井曲线特征

实习三　沉积相解释和编图

一、实习目的和意义

沉积相解释和编图是含油气盆地沉积学研究的重要基础工作,目的是利用钻井岩性组成、沉积构造和测井曲线特征,在分析钻井各个层段的沉积微相(优势相)组成特点基础上,结合砂体厚度图、含砂率图、地震相解释、地震属性反演等资料,学会编制沉积相平面和剖面展布图,掌握沉积相的平面分布特点和储层的区域分布规律。沉积(微)相解释及编图对于了解沉积演化、储层时空分布、储层对比、储层综合评价和预测具有重要科学意义。

二、实习要求

(1)各班级以小组为单位,每组4~5人,共7~8个小组。
(2)每个小组提交1份作业,纸质文档和电子文档均提交。
(3)以伊通盆地岔路河断陷万昌构造带为例。
(4)以段(三级层序)为单位进行编图。

三、实习所用资料包

工区地质概况;工区底图及钻井分布图;钻井地层分层数据;钻井柱状图;岩芯描述;钻井岩芯照片;测井曲线;单井沉积相解释图件模板;单井沉积相解释图例。

四、实习所用软件

CorelDRAW软件。

五、实习步骤

(1)了解研究区区域地质概况,包括研究区位置、地层分布、构造和沉积特点、钻井分布、油气勘探现状、单井沉积相解释等。
(2)选择某一层段作为基本编图单位,如双阳组一段、二段、三段,奢岭组一段,永吉组二段、三段、四段等。
(3)结合实习二的单井沉积微相解释结果,在单井沉积相分析基础上,综合所提供的资料包开展钻井沉积微相、测井相和地震相解释。利用钻井资料和地层分层数据,统计各个钻井所编图层段的砂体厚度(粉砂岩以上均统计)、计算含砂率(层段砂体厚度/层段地层厚度),进而编制砂体厚度图和含砂率图。结合地震层序、地震相和地震属性反演等资料,编制目的层段的沉积微相平面和剖面分布图,分析沉积学特征和沉积环境。

(4)利用CorelDRAW软件,参考所给沉积相剖面图和剖面图模板,进行沉积相图件编绘。

(5)分析沉积相组成及沉积演化特点,提交文字报告和相应图件。

(6)报告提纲(可分小节描述)。①研究区区域地质概况,描述研究区的地理位置和构造位置、构造特点、地层发育、油气勘探现状等(要有研究区位置图);②沉积相研究的思路和方法(要有流程图);③单井沉积相解释和组成特点;④沉积相类型及特点,描述岩性组成类型及特点、沉积相识别和划分依据(从岩性、沉积构造、测井曲线特征等)、沉积相及微相类型、沉积相特点、分布规律等(要有砂体厚度图、含砂率图、地震属性反演图、沉积相平面分布图);⑤沉积演化特征,从单井沉积相和沉积相剖面上分析,从早期到晚期分析沉积相的演化规律,通过物源供应、水平面升降、沉积环境变化分析(要有钻井对比沉积相剖面图);⑥认识和建议,总结本次实习的主要认识与结论,自己的体会和感想、存在的问题与建议。

六、沉积相编图(三级层序)实例

1. 砂体厚度等值线图实例(图3-1)

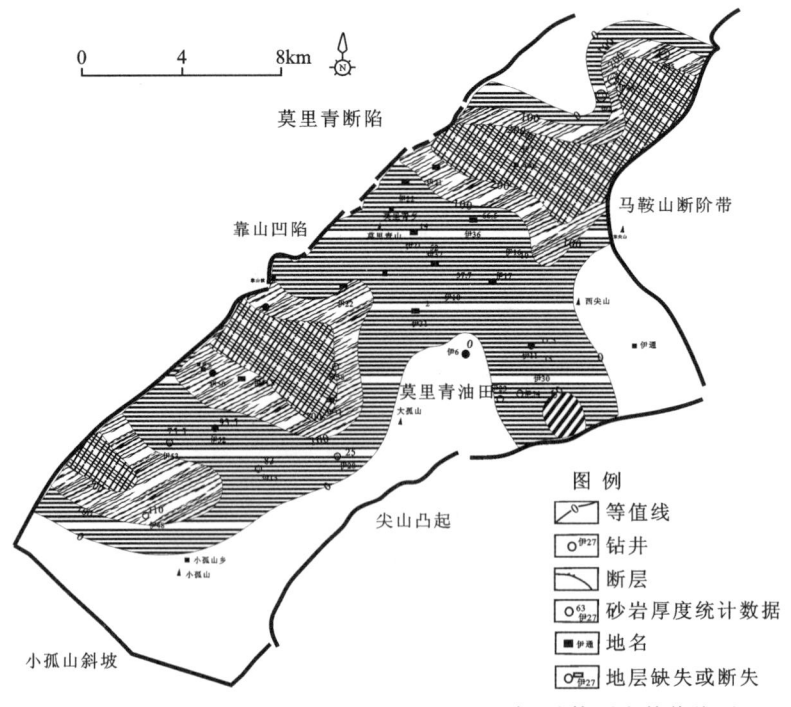

图3-1 莫里青断陷奢岭组一段(SQESh1层序)砂体厚度等值线图

2. 含砂率等值线图实例（图 3-2）

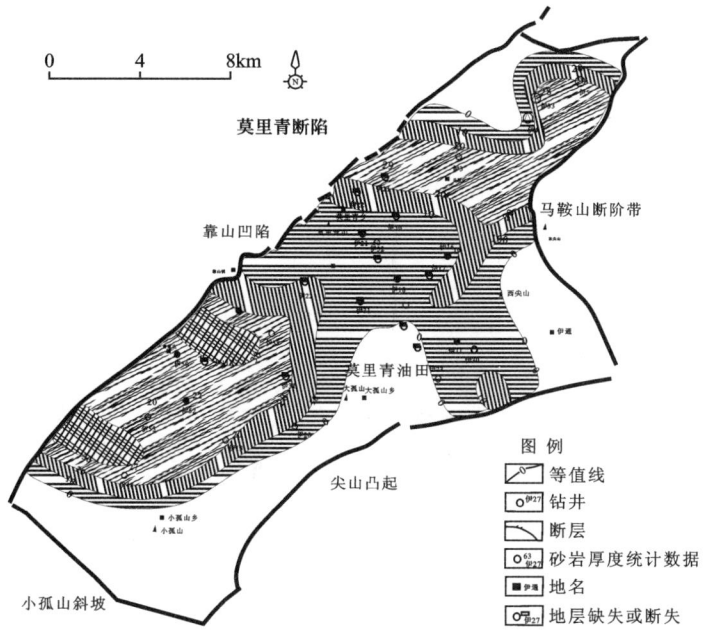

图 3-2　莫里青断陷奢岭组一段（SQESh1 层序）含砂率等值线图

3. 沉积相图实例（图 3-3）

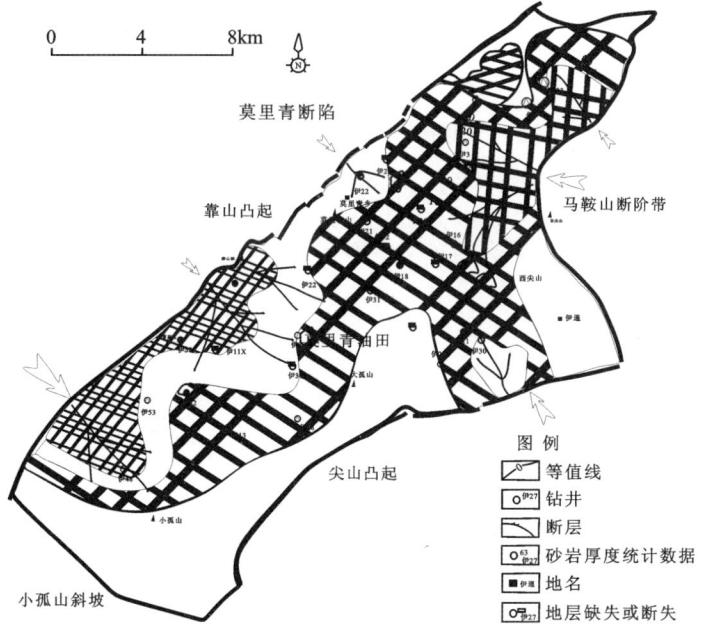

图 3-3　莫里青断陷奢岭组一段（SQESh1 层序）沉积相图

七、沉积相解释和编图报告编写格式及提纲

××盆地××构造带××层段沉积相解释和编图

实 习 报 告

班级：
实习小组：
报告编写人：

中国地质大学(武汉)资源学院石油地质系

目 录

第一章 研究区区域地质概况 …………………………………………………… ( )
    第一节 构造背景 ………………………………………………………………… ( )
    第二节 地层和沉积特征 ………………………………………………………… ( )
    第三节 油气勘探现状 …………………………………………………………… ( )
第二章 沉积相研究的思路和方法 ……………………………………………… ( )
第三章 单井沉积相解释和组成特点 …………………………………………… ( )
第四章 沉积相类型及特点 ……………………………………………………… ( )
    第一节 岩性组成特点 …………………………………………………………… ( )
    第二节 沉积构造特征 …………………………………………………………… ( )
    第三节 测井相解释 ……………………………………………………………… ( )
    第四节 地震相和地震属性反演 ………………………………………………… ( )
    第五节 沉积相类型及特点 ……………………………………………………… ( )
第五章 沉积演化特征 …………………………………………………………… ( )
    第一节 源区分析 ………………………………………………………………… ( )
    第二节 水平面变化 ……………………………………………………………… ( )
    第三节 沉积演化特征 …………………………………………………………… ( )
第六章 认识和建议 ……………………………………………………………… ( )
主要参考文献 ……………………………………………………………………… ( )

实习四　野外实习路线考察

一、实习目的和意义

通过对南望山—喻家山野外路线考察，了解该地区出露的地层时代、地层岩性组成、沉积构造、地层接触关系等，进一步观察风化壳、褶皱和断层等地质现象，目的是掌握野外地质路线观察和描述的基本思路和方法，进一步加深对课程教学内容的理解，为今后进行野外露头沉积学观察和描述奠定基础。地质路线见图4-1至图4-8。沉积相编图图例见附录五。

二、实习要求

(1)每个小组携带野外记录本、罗盘、锤子和放大镜、三角板、数码相机。
(2)认真观察和记录。
(3)素描和信手剖面绘制。
(4)各班分小组进行路线总结。

三、路线观察要点

(1)地层产状。
(2)S/D、D/P 接触关系。
(3)砾岩成分、颗粒大小、粒序、支撑结构等的观察，并判断结构成熟度和成分成熟度。
(4)块状层理、粒序层理、平行层理、水平层理、板状交错层理、槽状交错层理、丘状交错层理、冲刷面等的观察。
(5)褶皱和断层的观察、断层面和阶步的观察。
(6)波痕的观察。
(7)沉积环境初步分析。

四、思考的问题

(1)什么是砾岩的结构成熟度和成分成熟度？
(2)何为古水流的判别标志和水动力学特点？
(3)简述主要沉积构造(层理)类型。
(4)如何进行沉积环境分析？

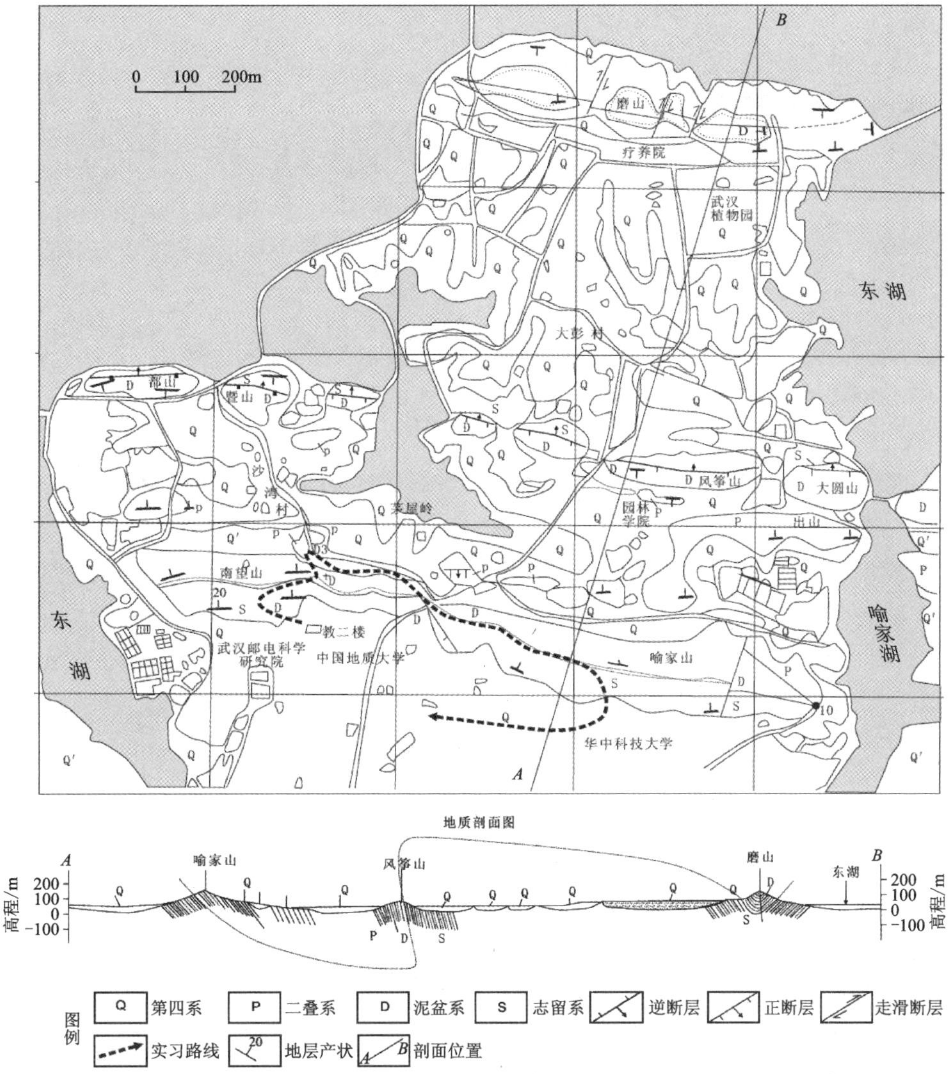

实习四 野外实习路线考察

图 4-1 武汉市南望山—喻家山路线地质图

图 4-2 褶皱和小型断层观察（南望山崖口北坡，二叠纪?）

图4-3 小型断层观察(南望山崖口北坡,二叠纪?)

图4-4 细砾岩成分、粒序、层理(南望山,泥盆纪?)

图4-5 细砾岩成分和粒序(喻家山,泥盆纪?)

图4-6 底砾岩冲刷面(喻家山,泥盆纪?)

图4-7 大型槽状交错层理(喻家山,泥盆纪?)

图4-8 大型板状交错层理(喻家山,泥盆纪?)

实习五　钻井岩芯观察和描述

实习说明

(1)每个小组携带野外记录本、罗盘、锤子和放大镜、比例尺、钢卷尺和三角尺、数码相机、3‰的 HCL、样品袋;井位分布图、钻井分层数据、取芯井段柱状图。

(2)描述时突出量的概念,如厚度、粒径、百分含量等。不作详细描述的层段或剖面,描述项目与此相同,只是观察仔细程度与描述详略不同。对于岩芯和典型沉积现象一定要照相,做好记录、绘制好素描,并放置比例尺。

一、各种砾岩、角砾岩

(1)名称(冠以颜色、结构涵义,如灰白色复成分巨砾岩,灰绿色漂砾角砾岩)。

(2)岩层几何形态(厚—中厚—中—薄层状),如厚—巨厚层席状砾岩,侧向延伸 10~30m,内部夹砂砾岩透镜体。

(3)分选性(好、中等、差),粒径(最大粒径、平均粒径)。

(4)粒序(正、反)及其变化情况(何种粒级向何种粒级变化),如砾岩具正粒序特征,从下向上砾岩—砂砾岩—含砾粗砂岩—砂岩的变化。

(5)支撑类型(杂基支撑、颗粒支撑)、胶结类型(泥质、钙质、铁质、硅质)、固结程度(好、中等、差)。

(6)砾石含量(指占岩石总体的百分比)、杂基含量(指全岩石百分比)及种类(泥、粗—粉砂)。

(7)各种砾石成分及其百分比(岩浆岩、变质岩、沉积岩等,占全部砾石的百分比)。

(8)圆度(棱角、次棱角、次圆、圆、极圆)、球度(长扁圆、椭球、扁圆、圆球)。

(9)粗大砾石所占的比例及分布特征(均匀与否、有无定向排列、扁平砾石的排列情况)、砾石的表面特征(擦痕、碰击坑、槽沟、节理等)。

(10)层理及垂向变化(要有素描)。

(11)顶底的接触关系及其证据(突变、渐变、冲槽、切割层理、泥砾、炭屑、煤包裹体、负载构造、砂岩脉、砂岩墙),如砾岩与下伏粉砂岩层冲刷接触,与顶部细砂岩截然接触。

(12)化石(动物、植物、生物痕迹—潜穴、觅食迹、爬痕、大小及产状)。

二、各种砂岩

(1)名称(如灰白色中粗粒杂砂岩等)。

(2)岩层几何形态。

(3)分选和含砾情况(砾石含量、最大粒径、一般粒径、主要砾石成分、砾石分布特征——均匀与否、分散状、条带状、固块状、垂向变化)。

(4)粒序及其自下而上的变化情况(韵律数量、韵律厚度描述)。

(5)支撑类型、胶结类型、固结程度(见砾岩部分)。

(6)颗粒含量(占整个岩石)。

(7)主要矿物成分(占全部颗粒)。

(8)圆度及球度(见砾岩部分)。

(9)层理及垂向变化(由下而上逐段描述层理类型的变化、清晰度、发育程度、每一层系厚度、层系组厚);注意软变形层理、鲍马序列、泄水构造等特殊层理的描述(要有素描)。

(10)顶底面的接触关系及其证据。

(11)化石及其产状。

(12)古流测定(交错层理、树干倾伏方向、冲槽走向、砾石定向、波痕方向—波脊定向、水流线理等)。

三、泥岩、粉砂岩、炭质泥岩(粉砂岩)、根土岩

包括:①颜色;②几何形态;③固结程度;④层理类型及垂向变化;⑤粒序及小韵律旋回;⑥顶底的接触关系;⑦化石。

四、煤层及油气显示特征

(1)宏观煤岩类型及厚度(光亮、暗亮、半亮、暗淡)。

(2)结构(简单、复杂、夹矸)。

(3)丝炭的含量。

(4)含硫量。

(5)构造—层理。

(6)油砂及沥青、荧光显示等。

五、互层及夹层

(1)定名(两类的厚度及层数相近定为互层、不等定为夹层)。

(2)各类岩性的层数、最大厚度、最小厚度、一般厚度各是多少。

(3)各类型岩性层之间的接触关系及证据。

(4)各类岩性层的一般特征(颜色、几何形态、分选磨圆、粒序、层理类型、化石等)。

(5)各类岩性的典型岩层描述(选一典型岩层按要求描述,各岩性各抽一层)。

六、碳酸盐岩

(1)定名(颜色、厚度加名称),如灰色中厚层状鲕粒灰岩。

(2)颗粒类型、大小及形状。

(3)颗粒的分选和磨圆。

(4)胶结及支撑类型。

(5)构造特征(粒序、层理类型、化石等)。

(6)缝合线特征、孔缝洞特征及发育程度。

(7)与上、下岩层的接触关系。

七、描述实例

1. 碎屑岩岩芯观察和描述

日期:2006-07-08

地点:吉林油田岩芯库

盆地/坳陷/凹陷/构造带名称:伊通盆地岔路河断陷万昌构造带

层位:永吉组二段

钻井号:昌 29 井

描述内容:

2 451.4～2 453.0m:含砾粗砂岩向上递变为深灰色泥岩夹灰白色薄层细砂岩,底部弱冲刷,具正粒序和波状交错层理(浊积砂体)。

2 453.0～2 454.3m:底部为具正粒序的含砾粗砂岩,向上为深灰色泥岩夹薄层灰白色砂岩,见砂枕构造、不明显的反粒序、微波状交错层理(浊积砂体)。

2 454.3～2 455.9m:底部为中粗砂岩—含泥砾粗砂岩,具反粒序,向上为 3 层细砂岩薄层,见砂枕构造、鲍马层序的 A—B 组合(浊积砂体)。

2 455.9～2 460.1m:下部深灰色泥岩夹薄层细砂岩,见较多泥质条带、波状交错层理;上部夹有 2 层 50cm 的细砂岩—中粗砂岩,具反粒序,内部见泥质条带、大量植物碎片,泥质条带基本平行层面分布(小型扇三角洲河口坝)。

2 461.2～2 467.7m:深灰色粉砂质泥岩,夹有多层细砂岩和砾岩薄层;细砂岩中有砂枕构造、滑塌构造和波状交错层理(滑塌重力流砂体)。

2 479.5～2 481.85m:深灰色粉砂岩与灰白色中细砂岩互层,含大量脉状层理、砂球和砂枕构造、滑塌变形构造、2 479.9～2 480.07m 发育完整鲍马层序(滑塌重力流砂体、深水浊积砂体)。

2. 碳酸盐岩岩芯观察和描述

日期:

地点:

盆地/坳陷/凹陷/构造带名称:

层位:

钻井号:

描述内容:

3 652.3～3 656.1m:为灰色硅质条带白云岩、泥质白云岩夹褐黄色藻层泥质白云岩,局部具含砾白云岩。发育大量波纹状叠层石及锥柱状叠层石,局部可见变形层理。普遍发育水平薄纹层和波状藻层,旋回性明显(潮下—潮间—潮上有规律的交替沉积)。

3 656.1~3 662.6m:以灰黑色含锰质板岩为主,底部和顶部夹灰黑色薄层含锰质白云岩或透镜体,可见不规则黄铁矿顺层分布。厚度及岩性非常稳定,沉积物细,色暗,且发育水平层理及含黄铁矿,反映了宁静、还原的环境(陆架氧化界面以下的低能沉积)。

3 662.6~3 675.4m:底部为灰色含锰质白云岩夹薄层或透镜状石英岩,发育交错层理;下部为浅灰色块状结晶白云岩,发育大型板状交错层理,含少量硅质条带;中部为黑色、深灰色薄层结晶白云岩夹板岩、片岩或互层;上部为灰色结晶白云岩,含少量硅质条带和硅质透镜体;顶部为灰色含叠层石白云岩,叠层石发育(代表潮下高能环境—浅海低能环境—潮下高能环境—潮坪海退环境的演化)。

实习六　碎屑岩粒度分析方法

一、实习的目的和意义

粒度分析的目的是研究碎屑岩的粒度大小和粒度分布。碎屑岩的粒度分布及分选性是衡量沉积介质能量的度量尺度，是判别沉积时自然地理环境以及水动力条件的良好标志。碎屑岩的粒度及其空间展布也影响储层的物性。粒度分析不仅有利于分析沉积水动力条件，而且对于沉积储层评价也有意义。

粒度分析方法的选择因碎屑颗粒的大小和岩石致密程度而异，对于砾石可以直接测量其线性值，也可以用量筒测量其体积；砂或疏松的砂岩多采用筛析法；粉砂和黏土可用沉速法或激光粒度分析法；固结紧密无法松解的岩石可采用图像分析仪进行自动粒度分析。

本实习以青岛市东郊山头村海滩砂样为例说明粒度分析方法和资料的具体应用（姜在兴，2003）。

样品总重量为 405g，经筛析后，分别得到各粒级砂样的质量。再经计算可进一步获得各粒级的质量百分比及各粒级的累积质量百分比（表 6-1）。

二、粒度参数和粒度资料图解

与粒度资料有关的多种图解，例如直方图、频率曲线都可作为沉积环境分析的参考标志。根据前述粒度分析方法，可以得到反映各粒级质量百分比及累积质量百分比的粒度分析结果（表 6-1）。为了更好地利用这些第一手资料，常需要将这些数据编绘成图件，用于辅助分析沉积环境并获得相关的粒度参数。

表 6-1　筛析记录表

颗粒直径		质量/g	质量百分比/%	累积质量百分比/%
mm	φ			
>1	>0	2.12	0.53	0.53
1～0.75	0～0.4	7.72	1.93 ⎫	2.46
0.75～0.60	0.4～0.72	61.18	15.29 ⎬ 29.51	17.75
0.60～0.50	0.72～1.0	49.18	12.29 ⎭	30.04

续表 6-1

颗粒直径		质量/g	质量百分比/%	累积质量百分比/%
mm	φ			
0.50~0.43	1.0~1.2	35.52	8.88	38.92
0.43~0.40	1.2~1.3	40.72	10.18	49.10
0.40~0.30	1.3~1.75	83.02	20.75 〉43.25	69.85
0.30~0.25	1.75~2.0	13.75	3.44	73.29
0.25~0.20	2.0~2.32	79.18	19.79	93.08
0.20~0.15	2.32~2.72	23.73	5.93 〉26.24	99.01
0.15~0.12	2.72~3.0	2.10	0.52	99.53
0.12~0.10	3.0~3.3	0.58	0.15	99.68
0.10~0.09	3.3~3.5	0.24	0.06 〉0.36	99.74
0.09~0.075	3.5~3.75	0.30	0.08	99.82
0.075~0.06	3.75~4.0	0.80	0.07	99.89
≤0.06	≥4.0	0.82	0.21	100.10

1. 直方图和频率曲线

直方图是最常用的粒度组分图件,它由一系列相邻的长方块构成。各长方形的底边等长,其长度代表粒度区间;长方形的高代表每种粒度的频数,即表示各粒度区间的质量百分比。横坐标代表颗粒直径值,纵坐标是算数百分坐标。应用表 6-1 的数据可以获得如图 6-1a 所示的直方图。这种图的优点是能一目了然地表现出样品的粒度变化和各粒级碎屑的百分含量。将直方图上各方块的顶边中点连接起来,绘制成一条圆滑曲线,这就是频率曲线(图 6-1b)。与直方图类似,频率曲线也表示了样品的粒度分布。因频率曲线图形简单、直观,因此应用更广泛。

通常把直方图中突出于周围方块之上的高方块或频率曲线中的高点称为峰(亦称众数)。如果样品中只有一个峰,称为单峰;若有两个或两个以上的峰,则称为双峰或多峰。图 6-2 列举了不同成因沉积物的直方图。海岸细卵石层的粒度范围最窄,具有很突出的单峰,这是沉积物粒度分选极好的特征;河流冲积沉积物

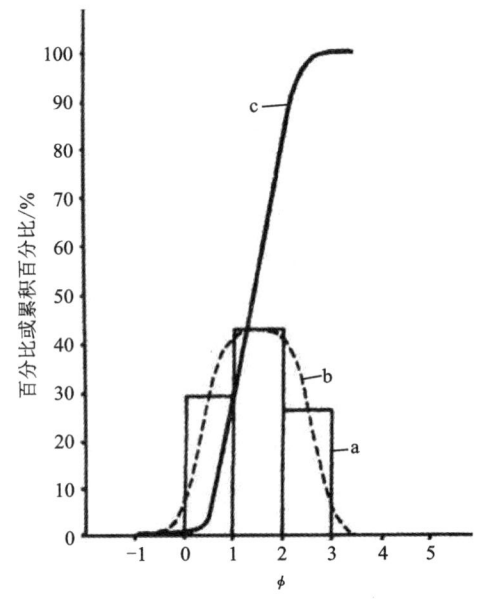

图 6-1 直方图和累积频率曲线图
a. 直方图;b. 频率曲线;c. 累积频率曲线

的粒度分布较宽,具双峰,峰所在粒级的质量百分比并不高,这是分选性不好的表现;而冰川沉积和雨水冲刷斜坡上的堆积物则粒度分布范围更广,其中砾石与泥、砂混杂,说明分选性更差。

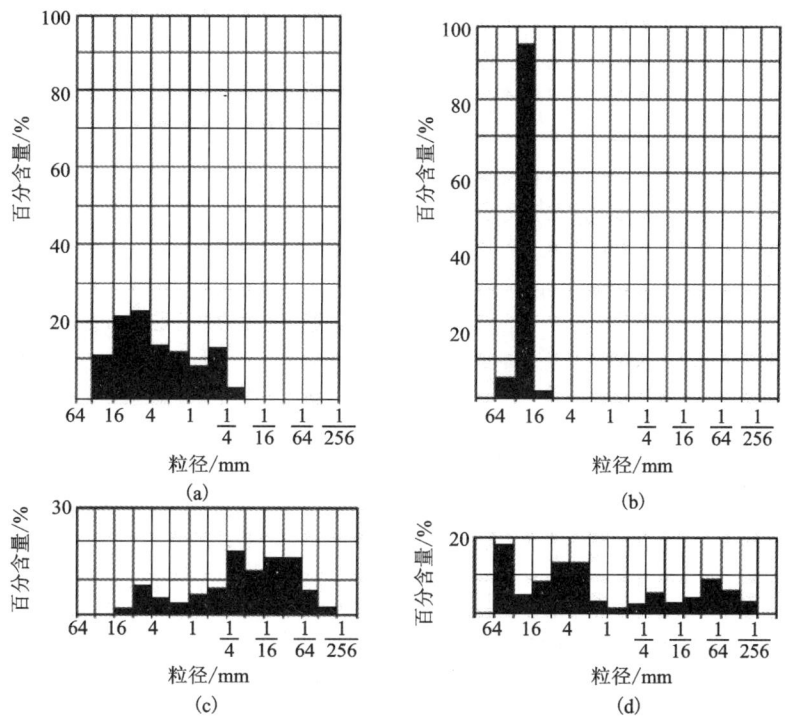

图 6-2　不同成因碎屑沉积物的粒度组分直方图
(a)砂质卵石砾岩;(b)海岸细卵石层;(c)含碎石的冰川砂;(d)雨水冲刷斜坡上的堆积物

2. 累积曲线

图 6-3 是用粒度分析成果中的累积质量百分比数作出的图。应用表 6-1 的数据,可以作出如图 6-1c 所示的累频率曲线。要注意,累积数据是由粗粒级开始计算的。

累积曲线通常呈"S"形,但不同沉积环境形成的碎屑沉积物,其累积曲线形态是有差别的。滨海沉积和风成沉积的碎屑物质分选好,粒度范围窄,因而累积曲线很陡;洪流及冰川沉积分选差,粒度分布范围宽,累积曲线表现得平缓(图 6-3)。从长江中下游现代沉积粒度累积曲线可以看出,河床、河口及湖泊沉积物表现着不同的粒级分布及分选特征(图 6-4)。

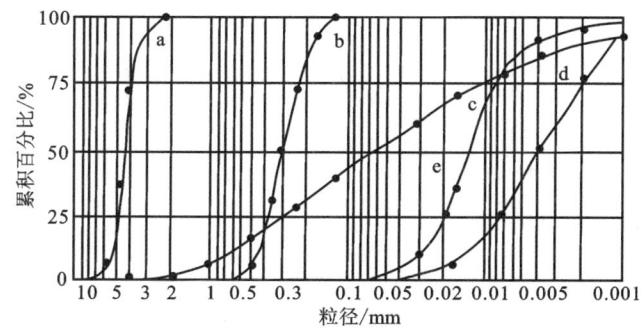

图 6-3　不同成因碎屑沉积的累积频率曲线
a.滨海砾石;b.滨海砂;c.冰川沉积物;d.页岩;e.黄土

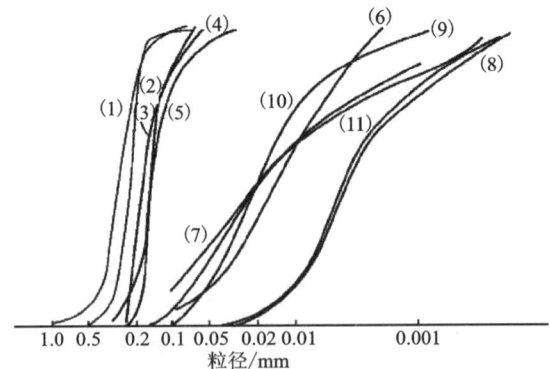

图 6-4 长江中下游现代沉积粒度累积曲线图

(1)赣江河床;(2)修水河床;(3)长江镇江河段河床;(4)长江南京河段河床;(5)钱塘江边口段;
(6)长江口铜沙浅滩悬移质;(7)钱塘江河口悬移质;(8)修水河间洼地;(9)鄱阳湖;(10)巢湖;(11)洪泽湖

3. 累积概率曲线

图 6-5 仍然用累积质量百分比作图。横坐标仍为粒径 ϕ 值,而纵坐标改用概率百分数标度,这样形成的便是概率值累计曲线图(图 6-5)。与算术坐标不同,概率坐标是以 50% 为对称中心的非等间距坐标,它是按单峰正态曲线分布的规律刻画的。

如果粒度分布符合通常所说的对数正态分布,那么用概率坐标在图上会得到一条直线。但一般碎屑沉积物的概率曲线总是表现为相交的数个直线段,这反映了在沉积物中包含着几个正态次总体,利用图的这些特征,可以识别不同的搬运和沉积作用。

与"S"形累积曲线相比,概率值累积曲线是将碎屑组分中含量较少的粗、细尾部的特点放大,这对于沉积成因分析及在图解法中应用更加方便。

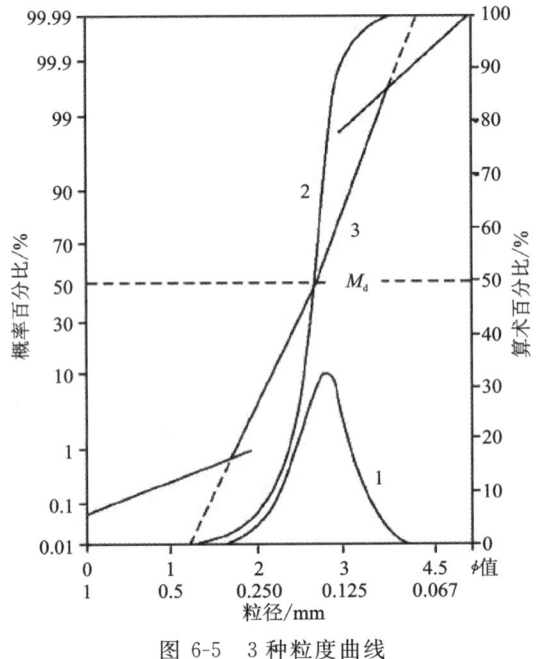

图 6-5 3 种粒度曲线

1.频率曲线;2.累积曲线;3.累积概率曲线

4. 粒度参数的计算

粒度参数的计算常与图解相结合。首先由累积曲线上读得某些累积百分比处的颗粒直径，然后用数学公式进行计算。

粒度参数的种类很多，过去主要用粒度中值(M_d)和分选系数(S_o)，当前广泛应用的有平均粒径(M_Z)、标准偏差(σ)、偏度(SK_1)和峰度(K_G)等。表 6-2 中列出了常用计算公式。过去多用特拉斯克(Trask)公式计算，当前应用更广的是福克和沃德(Folk and Ward)公式。每一个粒度参数都以一定的数值定量地表示碎屑物质的粒度特征，这对于判断沉积物质搬运时的水动力条件很有用处，即粒度参数被用作鉴别沉积环境的依据。

（1）平均粒径和中值：表示粒度分布的集中趋势。碎屑物质的粒度分布一般是趋向于围绕着一个平均数值，即中值或平均粒径。这些数值受两个因素的控制：一是沉积介质的平均动力能（速度）；二是来源物质的原始大小。

表 6-2 常用的粒度参数

名称	特拉斯克	福克和沃德
中值	$M_d = P_{50}$	$M_d = \phi_{50}$
平均粒径	$M = \dfrac{P_{25}+P_{75}}{2}$	$M_Z = \dfrac{\phi_{16}+\phi_{50}+\phi_{84}}{3}$
分选	$S_o = \dfrac{P_{25}}{P_{75}}$	$\sigma_1 = \dfrac{\phi_{84}-\phi_{16}}{4} + \dfrac{\phi_{95}-\phi_5}{6.6}$
偏度	$SK = \dfrac{P_{25} \cdot P_{75}}{M_d^2}$	$SK_1 = \dfrac{\phi_{16}+\phi_{84}-2\phi_{50}}{2(\phi_{84}-\phi_{16})} + \dfrac{\phi_5+\phi_{95}-2\phi_{50}}{2(\phi_{95}-\phi_5)}$
峰度	$K = \dfrac{P_{75}-P_{25}}{2(P_{90}-P_{10})}$	$K_G = \dfrac{\phi_{95}-\phi_5}{2.44(\phi_{75}-\phi_{25})}$

注：P 为百分位粒径，单位为 mm；ϕ 为百分位粒径。

中值 M_d 是累积曲线上 50% 处对应的粒径，特拉斯克以毫米(mm)作粒径单位，福克等是用 ϕ 值表示粒径。中值的意义是指它在粒度上居于沉积物的中央，有一半质量的颗粒大于它，另一半小于它。

中值很容易求得，其代表性较差，因为它不能表示粗、细两侧的粒度变化。近年来主张不用中值而改用平均粒径。

对于平均粒径目前也有不同的定义。按福克和沃德的定义，平均粒径表达式为：

$$M_Z = \frac{\phi_{16}+\phi_{50}+\phi_{84}}{3} \tag{6-1}$$

这里粗略地把粒度分为 3 段，ϕ_{50} 为中间一段的平均大小，ϕ_{84} 为较细一段的平均大小，ϕ_{16} 则为较粗一段的平均大小。可见，平均粒径比中值能更准确地反映碎屑颗粒的集中趋势。

平均粒径或中值是沉积物最主要的粒度特征之一。这一参数指标常被用来作沉积韵律剖面图或平面等值线图,用以表示沉积物在纵向或横向上的粒度变化规律。

(2)标准偏差和分选系数:这是表示分选程度的参数。它表示颗粒大小的均匀程度,或者说是表现围绕集中趋势的离差。

过去多用分选系数说明分选性,分选系数可表示为:

$$S_o = \frac{P_{25}}{P_{75}} \tag{6-2}$$

式中,P_{25} 和 P_{75} 分别为累积曲线上 25% 和 75% 处所对应的颗粒直径。当颗粒的分选性很好时,P_{25} 和 P_{75} 两值很靠近,所以 S_o 值很小;相反,S_o 值大则说明离散度大,即分选性差。

根据 S_o 的大小,可划分分选等级。1~2.5 为分选好;2.5~4.0 为分选中等;>4.0 为分选差。

也有人用公式 $S_o = \sqrt{P_{25}/P_{75}}$ 计算分选系数,相应地用开方后的数据确定分选级别。

分选系数应用很广,但上述公式存在缺欠,因为它没能包括粗、细尾端的分选特点。计算粒度分选性的新公式不止一种,由福克和沃德提出的标准偏差公式为:

$$\sigma = \frac{\phi_{84} - \phi_{16}}{4} + \frac{\phi_{95} - \phi_5}{6.6} \tag{6-3}$$

式中除包含了粒级分布的中央部分(16%~84%)外,也包括了对水动力条件反映最灵敏的粗细尾部(95% 和 5%)的分选情况。因此,该式被认为更全面和更富有成因意义。

前人曾分析了大量(近千个)样品,从而确定了用标准偏差($\sigma 1$)确定分选级别的标准。<0.35 为分选极好;0.35~0.50 为分选好;0.50~0.71 为分选较好;0 71~1.00 为分选中等;1.00~2.00 为分选较差;2.00~4.00 为分选差;>4.00 为分选极差。

分选性的好坏也可以作为环境标志。碎屑物质的分选程度与沉积环境的水动力条件和自然地理条件有着密切的关系。总的看来,风成沙丘砂的分选最好,海(湖)滩砂次之,河砂较差,分选最差的是冲积扇和冰川沉积。

风成沙丘沉积的分选好,是由于风的速度变化范围小,其所能携带的砂的粒级范围也窄,一般是以细砂为主含少量中砂和粉砂。海(湖)波浪作用是往复地运动,使沉积物经受多次搬运和分选,从而也能造成很好的分选。河流则不然,它的流速变化范围大而且变化频繁,造成沉积物分选性很差,并且分选系数或标准偏差数值也表现得很不稳定。冰川沉积具极差的分选性,因为冰川搬运是把沿途遇到的沉积物全部冻结到冰里,冰消融时沉积物则堆积下来,根本谈不上分选作用。

从河流的上游至下游,碎屑物质的粒度中值或平均粒径有明显的递减现象,即上游的沉积物粗,下游则较细。但是,分选程度与搬运距离却不是简单的直线关系。从上游至下游,分选系数或标准偏差数值常是呈波浪式变化的。这主要是受物源的影响,多物源供应,特别是当河流中有支流加入时,由于新物源区物质的混入,沉积物的分选性明显变差。

不同粒度参数间常存在着一定的统计关系。许多研究表明,在平均粒径与分选性之间可以明显地看到,分选性最好的沉积物,其平均粒径一般为细砂级。

(3)偏度:偏度 SK_1 被用来判别粒度分布的不对称程度、福克和沃德的偏度公式为:

$$SK_1 = \frac{\phi_{16}+\phi_{84}-2\phi_{50}}{2(\phi_{84}-\phi_{16})} + \frac{\phi_5+\phi_{95}-2\phi_{50}}{2(\phi_{95}-\phi_5)} \tag{6-4}$$

从频率曲线上看,对数正态分布是左右对称的。同时中值、平均粒径和众数一致,即表现为一个数值。用偏度公式计算,正态粒度分布的 SK_1 应等于零。

但一般碎屑沉积物的频率曲线通常并不是完全对称的,曲线的峰发生偏斜(图 6-6),这时中值、平均粒径和众数三者也发生偏离。根据峰的偏斜方向可分出:

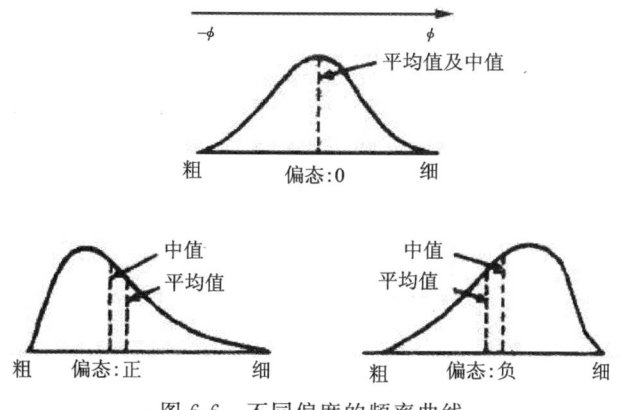

图 6-6 不同偏度的频率曲线

(1)正偏态:峰偏向粗粒度一侧,说明沉积物以粗组分为主,细粒一侧表现为低的尾部。用偏度公式计算,SK_1 应为正值。

(2)负偏态:峰偏向细粒度一侧,沉积物以细粒为主,粗粒一侧有低的尾部。这时 SK_1 应为负值。

(3)不对称的频率曲线可以是单峰曲线,但也见双峰曲线,表现为在含量较少的尾部有一个低的次峰(图 6-7)。

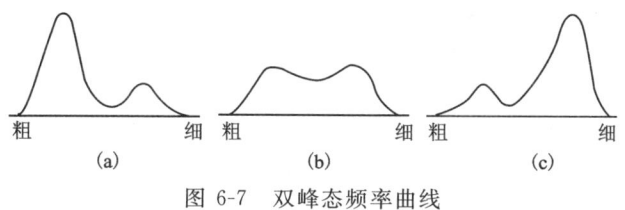

图 6-7 双峰态频率曲线

福克(1966)按偏度值 SK_1 将偏度分为五级:$-1 \sim -0.3$ 为很负偏态;$-0.3 \sim -0.1$ 为负偏态;$-0.1 \sim +0.1$ 为近于对称;$+0.1 \sim +0.3$ 为正偏态;$+0.3 \sim +1$ 为很正偏态。

偏态的研究对于了解沉积物的成固有一定的意义。一般说来,河砂表现为正偏度,这是由于河水中常含有悬浮的黏土和粉砂,使得粒度分布中出现了细的尾部。在海滩和沙丘环境,波浪和风的作用都能将细粒物质簸选掉,因此粒度中不出现细尾。在海滩上,波浪作用保留了粗尾,因此海滩砂表现为负偏度,但是风是没有能力搬运粗粒碎屑的,因此在沙丘砂中粗尾比细尾排除得更彻底,从而造成沙丘砂的正偏度。这里要注意,虽然河砂和沙丘砂都是正偏度,但其产生机理却不相同。河砂是由于出现了细尾而显正偏度,而沙丘砂为正偏度是因为缺乏粗尾。分选很好的纯砂或纯砾等沉积物,其频率曲线常为单峰正态对称曲线。但当有另外的组分加入时,常使分选变差,频率曲线相应地变为不对称。如果加入的是粗组分,则构成正偏度;若加入的为细组分,则构成负偏度。当有明显不同的两个粒度总体混合沉积时,如果两者含量相等,那么会表现为最差的分选,频率曲线呈平坦的马鞍状双峰曲线,由于图形仍为左右对称,所以偏度的数值趋于零。

由此可见,偏度值趋于零有两种完全不同的含义。一种是指单峰正态曲线,分选最好;另一种是表示马鞍形双峰曲线,两种粒度总体等量混合,分选最差。前者一般见于海滩沉积,后者多属河流沉积,在做成因分析时要注意区别。

(4)峰度(尖度):峰度是用来衡量粒度频率曲线尖锐程度的,也就是度量粒度分布的中部与两尾端的展形之比。频率曲线的峰态如图6-8所示。福克和沃德提出的峰度公式为:

$$K_G = \frac{\phi_{95} - \phi_5}{2.44(\phi_{75} - \phi_{25})} \tag{6-5}$$

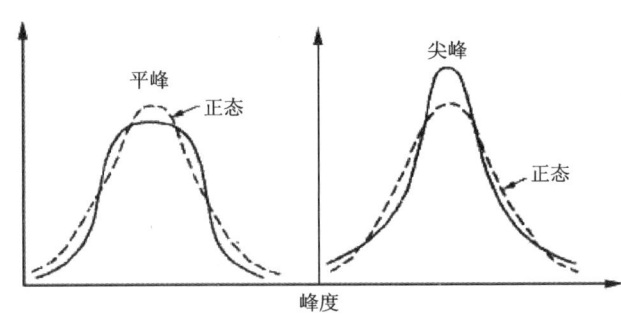

图 6-8 不同峰度的频率曲线形态

在对称正态曲线中,ϕ_{95}与ϕ_5之间的粒度间距是ϕ_{75}与ϕ_{25}之间的粒度间距的2.44倍,因此正态粒度分布的$K_G = 1$。根据100多个样品的分析,福克等用K_G值确定了峰值的等级界限。<0.67为很平坦;0.67~0.90为平坦;0.90~1.11为中等(正态);1.11~1.56为尖锐;1.56~3.00为很尖锐;>3.00为非常尖锐。

K_G值的分布不规则,作图时使用不方便。福克和沃德又建议在作图时将K_G值转换为K_G'值,其换算公式为:

$$K_G' = \frac{K_G}{K_G + 1} \tag{6-6}$$

K_G'值的变化范围在0.33~0.90之间,正态曲线的K_G'值等于0.5。

峰度和偏度都能反映沉积物频率曲线的双峰性质及其尾部变化,因此在判断沉积环境中都很有意义。正常的海滩沉积砂的频率曲线为单峰对称的正态曲线,其偏度和峰度都正常,即偏度值近于0,峰度值近于1。不正常的偏度和峰度值反映沉积物具双峰或多峰性,属于多物源沉积。极端(极高或极低)的峰度是两组沉积物混合沉积造成的,这在河流沉积中最常见。在反映这些成因性质时,偏度和峰度值常比频率曲线表现得更灵敏。

海滩、沙丘、风成坪地砂以及河流砂质沉积物的粒度参数综合特点见表6-3。用这些特点可以对沉积砂进行环境分析。

表 6-3　几种沉积类型的粒度特点（据姜在兴，2003）

沉积类型	特点				
	频率曲线形态	偏度	峰度	分选	粒度
河砂	常见双峰或多峰不对称曲线	变化大，正偏为主，也有负偏态	数值多低	差—中	粗 ↓ 细
海滩砂	单峰对称正态曲线为主	多对称，偶有负偏态	中等至微尖	好	
沙丘砂	单峰曲线，微不对称	正偏态	中等	极好	
风成坪地砂	双峰曲线，不对称	正偏态	尖锐	好	

三、粒度分析在沉积环境研究中的应用

沉积岩的粒度受搬运介质、搬运方式及沉积环境等因素控制，这些成因特点必然会在沉积岩的粒度性质中得到反映，这正是应用粒度资料确定沉积环境的依据。近年来，这方面的研究取得了不少进展，下面简要地介绍一些方法。

1. 粒度判别函数及成因图解

萨胡（Sahu，1964）在碎屑沉积物研究中应用了判别分析。他从世界各地采集了大量碎屑沉积物样品，其中有砾石、砂以及粉砂。采样的环境类型有河道、泛滥平原、三角洲、海滩、风坪、风成沙丘、浅海以及浊流。多数样品取自现代沉积物，只有浊流采用的是岩石样品。在对这些样品进行分析研究的基础上，求得了各类沉积环境间的判别函数（表 6-4）。

接着，兰迪姆（Landim，1968）等又求出了冰碛物与冰水沉积、冰碛物与冲积扇的判别方程（表 6-5）。

表 6-4　鉴别沉积环境的判别函数（Ⅰ）

鉴别沉积环境	判别公式	鉴别值	函数平均值
风成沙丘与海滩	$Y_{风成,海滩} = -3.568M_Z + 3.7016\sigma_1^2$ $-2.07665SK_1 + 3.1135K_G$	风成 $Y < -2.7411$ 海滩 $Y \geqslant -2.7411$	$\overline{Y}_{风} = -3.0973$ $\overline{Y}_{海滩} = -1.7824$
海滩与浅海	$Y_{海滩,浅海} = 15.6543M_Z + 65.7091\sigma_1^2$ $+18.1071SK_1 + 18.5043K_G$	海滩 $Y < 65.3650$ 浅海 $Y \geqslant 65.3650$	$\overline{Y}_{海滩} = 51.9536$ $\overline{Y}_{浅海} = 104.7536$
浅海与河流（三角洲）	$Y_{浅海,河流} = 0.2852M_Z - 8.7604\sigma_1^2$ $-4.8932SK_1 + 0.0482K_G$	浅海 $Y \geqslant -7.4190$ 河流 $Y < -7.4190$	$\overline{Y}_{海滩} = -5.3167$ $\overline{Y}_{河流} = -10.4418$

续表 6-4

鉴别沉积环境	判别公式	鉴别值	函数平均值
河流(三角洲)与浊流	$Y_{河流,浊流} = -0.721\ 5M_Z - 0.403\ 0\sigma_1^2 + 6.732\ 2SK_1 + 5.292\ 7K_G$	河流 $Y \geqslant 9.843\ 3$ 浊流 $Y < 9.843\ 3$	$\overline{Y}_{河流} = 10.711\ 5$ $\overline{Y}_{浊流} = 7.979\ 1$

表 6-5 鉴别沉积环境的判别函数(Ⅱ)

鉴别沉积环境	判别公式	鉴别值	函数平均值
冰碛物与冲积扇	$Y_{冰碛物,冲积扇} = 0.004\ 05M_Z + 0.023\ 81\sigma_1 - 0.056\ 16SK_1 + 0.103\ 65K_G$	冰碛物 $Y \geqslant 0.128\ 09$ 冲积扇 $Y \leqslant 0.128\ 09$	$\overline{Y}_{冰碛物} = 0.161\ 21$ $\overline{Y}_{冲积扇} = 0.102\ 25$
冰碛物与冰水沉积	$Y_{冰碛物,冰水沉积} = -0.002\ 56M_Z + 0.035\ 01\sigma_1 + 0.025\ 78SK_1 - 0.015\ 49K_G$	冰碛物 $Y \geqslant 0.081\ 33$ 冰水沉积 $Y \leqslant 0.081\ 33$	$\overline{Y}_{冰碛物} = 0.114\ 29$ $\overline{Y}_{冰水沉积} = 0.048\ 36$

上述判别式的统计值通过图解法求得,粒度参数根据福克和沃德的定义。

萨胡又以 $\sqrt{\sigma_1^2}$ 与 $\dfrac{S_{K_G}}{S_{M_Z}} \cdot S(\sigma_1^2)$ 在对数坐标纸上作图(图 6-9)。不同沉积环境间有明显的分界,同时图上还表示了能量及流动性下降的方向。应用这一图解可以大致对浊流、三角洲、浅海、海滩及风成环境的沉积物进行区分。

运用判别函数,对于每一个有粒度参数资料的样品都可以作沉积环境鉴别,但应用这个沉积环境鉴别图解,则需每一沉积环境具有 2 个以上的 1 组样品。

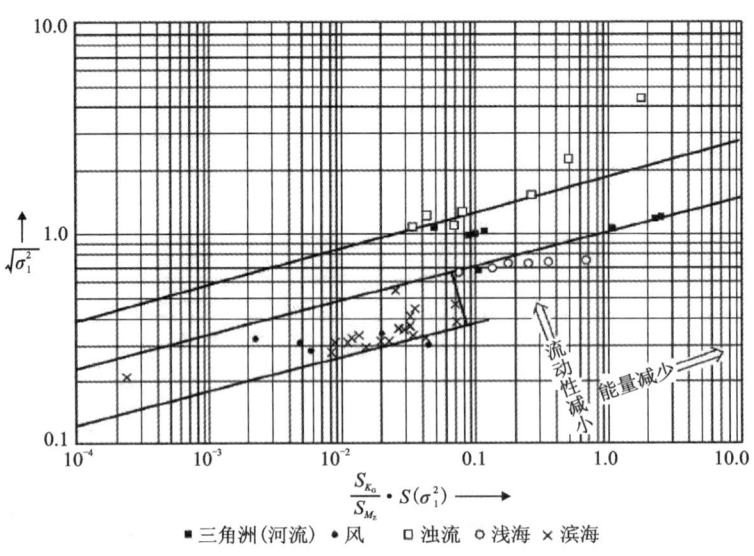

■ 三角洲(河流) • 风 □ 浊流 ○ 浅海 × 滨海

图 6-9 区别不同沉积环境的 $\sqrt{\sigma_1^2}$ 与 $\dfrac{S_{K_G}}{S_{M_Z}} \cdot S(\sigma_1^2)$ 关系图解

2. 用概率累积曲线区分沉积环境

应用概率累积曲线图建立沉积环境的典型模式,这一研究成果是由维谢尔(Visher,1965,1969)提出。维谢尔对取自现代和古代不同沉积环境的样品用筛析法做了粒度分析,对具有不同特征的概率累积曲线图进行了归纳和成因分类,同时研究和解释了沉积物搬运方式与粒度分布的关系。

沉积物的粒度一般不表现为单一的对数正态分布,因此其概率图总是由几个相交的直线段(称为次总体)构成(图6-10)。

据研究,一般碎屑沉积物(或岩)包括3个次总体,这是由基本搬运方式的不同所造成的。搬运方式包括悬浮、跳跃和滚动3种,相应地,在粒度概率曲线上形成了3个次总体,它们分别代表着样品中的悬浮搬运组分、跳跃搬运组分和滚动搬运组分。

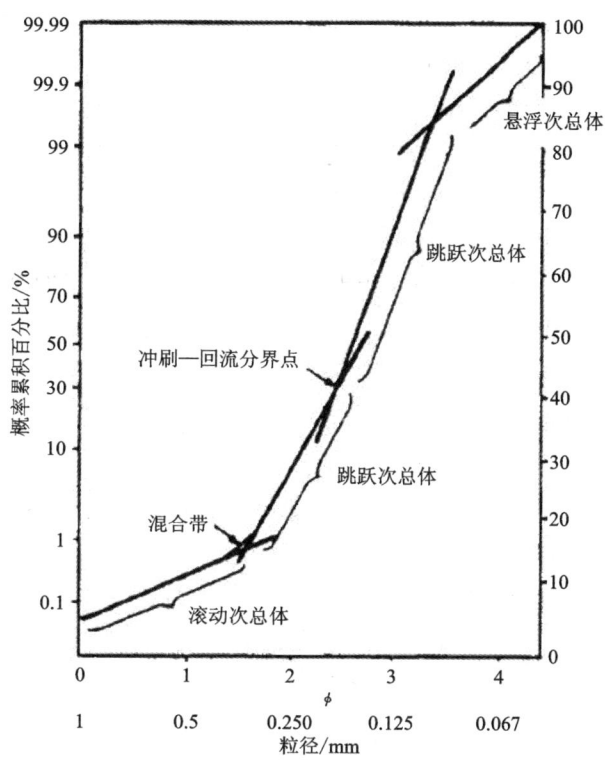

图6-10 累积概率曲线图中的3个次总体分布

水流一般可划分为层流和涡流。一般在水流的上部表面是以层流为主,向下涡流增多。在正常水流中,沉降速度小于涡流垂直速度的细小颗粒在水中呈悬浮状态,构成悬浮负载(或悬浮载荷);而较大的颗粒则下沉,成为底负载(或底载荷、床砂载荷)。水流对下沉组分的搬运方式又有两种,即跳跃搬运和滚动搬运。下面分别介绍各搬运组分的特点。

(1)悬浮搬运组分。最细的颗粒在水流中呈悬浮搬运,其颗粒大小一般小于0.1mm。但这个数据不是固定的,它取决于搬运介质的搅动程度,或者说悬浮的最大粒度是水流搅动强度的标志。

在悬浮负载与底负载之间有一定数量的交替。大多数沉积物中都包含一些从悬浮状态沉积下来的细粒组分,它们在粒度概率图中形成一个独立的悬浮搬运次总体(即细粒尾部),居于图6-10的右上方。

(2)组分搬运跳跃。呈跳跃搬运的颗粒,其大小一般在0.1mm以上,最大可达1mm。最大粒度受水的流速、水深以及底层性质等因素的控制。跳跃搬运是指一边跳跃一边向前搬运。颗粒跳跃的高度从底面向上可达数十厘米。在跳跃层中,最粗的颗粒集中于底部。

跳跃搬运的方式在动荡的水中或流水中容易对颗粒进行分选,因此跳跃次总体是沉积样品中分选最好的组分。它往往作为主要部分构成沉积物的格架。在几种常见的河成、海成沉积中都是以跳跃次总体为主,悬浮次总体只作为次要组分填充于跳跃组分的颗粒间。

在一般环境中,跳跃次总体在粒度概率图上表现为一个直线段居于图的中央,因常占最大的百分含量所以线段最长。但在一些特殊环境,如在海滩砂中,跳跃次总体可以发育为两个粒度次总体,表现为两个相交的线段,两者在中值和分选上略有差别。

(3)滚动(或称为牵引、推移)搬运组分。这是最粗粒的组分,它们只能沿底面滑动、滚动、拖曳前进。在陡坡处滚动颗粒较多,而在坡度较缓的地方,滚动颗粒明显减少。

在粒度概率图上,滚动次总体居于图6-10的左下方,是与上述两个次总体在中值和分选上均不相同的粗粒次总体。

多数砂质沉积物都包括上述3种搬运方式所形成的组分,因此多数概率图包括3个直线段。直线段的斜率代表着分选性,线段愈陡说明分选程度愈好。每一个直线段有一定的粒度区间和一定的斜率,表明了沉积物中每一个粒度次总体都具有一定的平均粒径和标准偏差。各直线段的交点称为交切点(图6-10)。有的样品在两个粒度次总体间有混合带,表现为两线段圆滑接触。

为保证作图的精度,构成每一个线段至少要有4个粒度点控制。

搬运介质水动力条件的不同,沉积时流体的性质以及自然地理条件的不同,造成砂质沉积物被搬运和沉积上的差别,这些在概率图上都会有所反映,具体表现为直线段数目、线段分布区间、含量百分比、线段坡度、混合度、线段间交切点以及粗细尾端切割点位置上的差异。因此,仔细分析概率图的形态,对于判断沉积环境是很有帮助的。

3. 粒度分析的典型实例

维谢尔(1969)研究了1500个已知环境的样品,得出了各典型环境的粒度概率图(图6-11至图6-14)。

(1)海滩和浅海(图6-11)。①海滩砂:由3个或4个粒度次总体构成。在概率图上,跳跃总体被分为2个直线段,两者斜率稍有差别但均较陡,说明分选性很好。跳跃组分具有这一特点,是由于其中包括了冲流和回流两种沉积造成的。悬浮组分和滚动组分含量都很少,相应地在图上线段很短,有些甚至缺少滚动组分。②沙丘砂:样品取自海滩附近的沙丘背上,在沙丘砂中跳跃组分的含量比海滩砂更高(一般占98%),分选更好,在图上再现为一个很陡的直线段。滚动组分含量很少,这是因为风的携带能力有限,很粗的砂粒不能搬至沙丘。悬浮组分的含量也少,形成细的尾部。③波浪带浅海砂:样品取自低潮线至水深5m处,全部采样地区的沉积物表面都具有波浪。样品无例外地发育有3个粒度总体,仍以跳跃总体为主要成分,分选很好。这是波浪多次往返搬运簸选的结果,其粒度区间在(2.0~3.5)ϕ悬浮组分含量不多,其数量多少可能与物源性质有关。由于缺乏强水流,滚动组分常表现很差的分选性。

(2)三角洲和河口(图6-12)。三角洲是一个复杂的过渡环境。海成三角洲位于河流入海处,是由海与陆交替作用而形成的沉积复合体。从概率图上看,其形式也是介于河流沉积与浅海沉积之间。但是由于物源性质的不同,砂质沉积的具体位置的不同以及水流强度上的差别等,三角洲砂的概率图复杂多样,难以用一种模式来概括。

实际上,海成三角洲中包括了各种亚环境,不同亚环境的粒度分布特点也不一样。如分流河口砂坝砂的粒度分布与浅海波浪带砂类似,但因靠近河口有时悬浮物质含量较多;又如支流河道砂,它是由2个粒度总体(悬浮总体和跳跃总体)组成的,悬浮组分含量可达20%,其概率图形式与河流沉积相近似。

(3)河流砂(图6-13)。河流沉积物粒度概率图的主要特点是悬浮次总体比较发育,其含量可达30%,悬浮次总体与跳跃总体之间的交截点在$(2.75～3.5)\phi$区间内,跳跃总体的倾斜多在60°～65°范围内,一般不存在滚动组分。

(4)浊流沉积(图6-14)。浊流沉积的粒度概率图特点很突出,悬浮总体含量大,但是分选很差。悬浮次总体与跳跃次总体的交截点可在1.5ϕ以下。属跳跃搬运的粗组分,分选较好。

上面列举的粒度概率图模式,除浊流样品取自古代岩石外,其余成果都是根据现代沉积作出的。实践证明,上述模式在鉴定古代沉积环境时可以类比应用。

现将不同沉积环境中砂岩沉积物的粒度概率图特点列于表6-6中供对照参考。

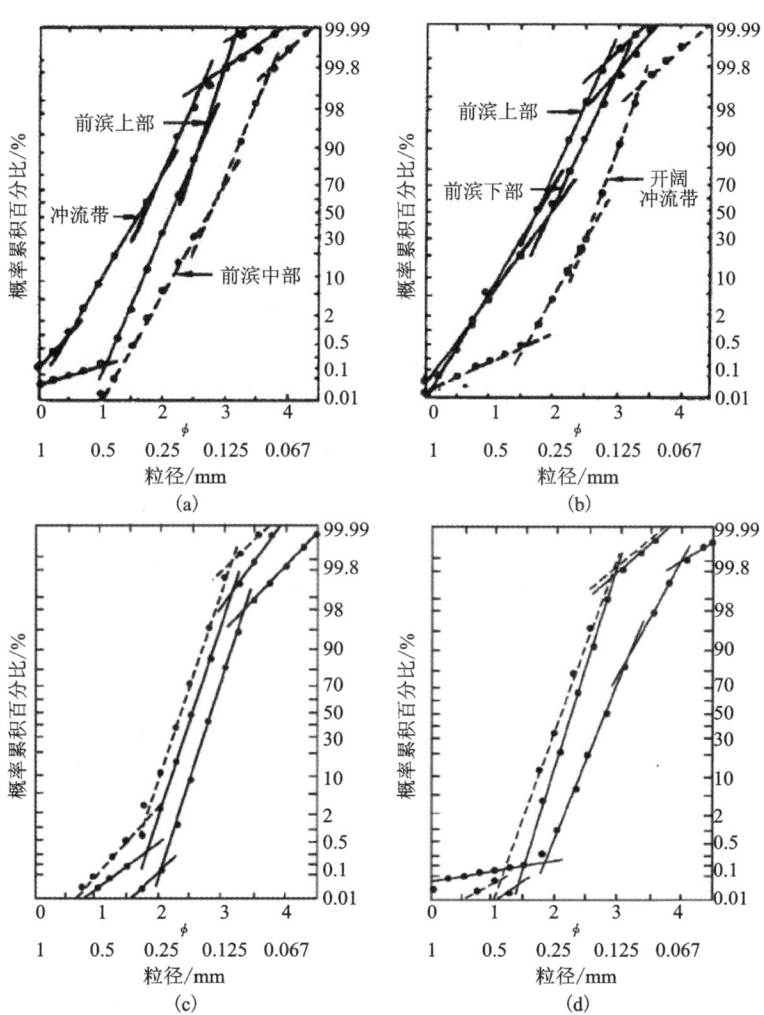

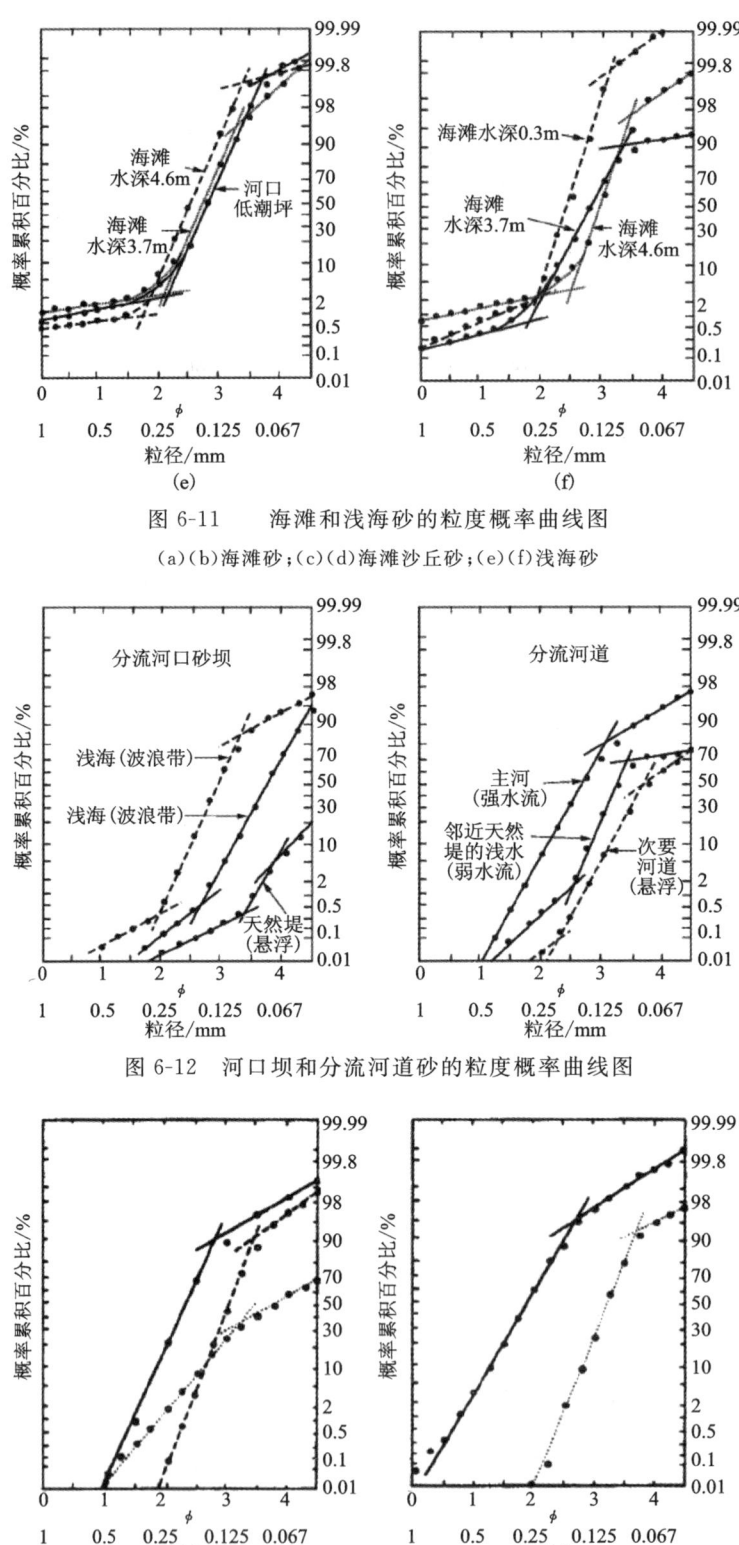

图 6-11　海滩和浅海砂的粒度概率曲线图
(a)(b)海滩砂；(c)(d)海滩沙丘砂；(e)(f)浅海砂

图 6-12　河口坝和分流河道砂的粒度概率曲线图

图 6-13　现代河道砂的粒度概率曲线图

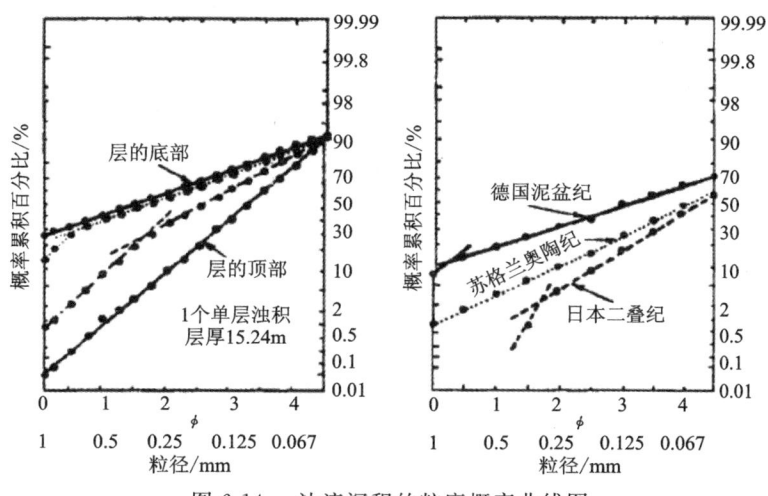

图 6-14 浊流沉积的粒度概率曲线图

表 6-6 不同沉积环境砂质沉积物的粒度概率特征（据姜在兴，2003）

种类	特征											主要特征
	跳跃组分(A)				悬浮组分(B)				滚动组分(C)				
	百分含量/%	分选	C.T.	F.T.	百分含量/%	分选	A.B.混合	F.T.	百分含量/%	分选	C.T.	A.C.混合	
风成沙丘	97～98	很好	1.2～2.0	3.0～4.0	1～3	中	中	4.0～>4.5	0～2	差	1.0～0	少	跳跃组分含量较高，分选极好
海滩	50～99	很好	0.5～2.0	3.0～4.25	0～10	中好	少	3.5～>4.5	0～50	中	-1.0～无极限	中	跳跃组分含量高，分为2段直线
波浪带浅海	35～90	好很好	2.0～3.0	3.0～4.5	5～70	中差	多	3.75～>4.5	0～10	差	0～无极限	少	3种组分都有，3段直线，以跳跃组分为主
河流（河床）	65～98	中	-1.5～-1.0	2.75～3.5	2～3.5	差	少	>4.5	变化	差	无极限	少	变化大，以跳跃组分为主，经常含有悬浮组分
天然堤	0～30	中	2.1～1.0	2.0～3.5	60～100	差	多	>4.5	0～5		无		单一种悬浮组分
浊流	0～70	中差	1.0～2.5	0～3.5	30～100	差	多	>4.5	0～40	中	无极限	多	常只有悬浮组分，层内有递变现象

注：C.T.代表粗粒一端的截点；F.T.代表细粒一端的截点。

4. C-M 图解

C-M 图是应用每个样品的 C 值和 M 值绘成的图形(图 6-15)。C 值是累积曲线上 1% 处对应的粒径,M 值是累积曲线上 50% 处对应的粒径。C 值与样品中最粗颗粒的粒径相当,代表了水动力搅动开始搬运的最大能量;M 值是中值,代表了水动力的平均能量。对于每一个样品都可以用其 C 值和 M 值,在以 C 为纵坐标的双对数坐标纸上投得一个点。

为研究地层的沉积成因,需由该地层成因单元取得几十个(20~30 个)样品,这些样品必须属同一沉积环境的产物。对不同岩性要分别取样,而且样品要包括该单元由粗至细的全部粒度结构类型。几十个样品各按其 C 值、M 值在图纸上投得一群点。按群点的分布绘出相应的图形,这就是 C-M 图。根据所得图形的形态、分布范围以及与 C-M 基线的关系等特点,与已知沉积环境的典型 C-M 图进行对比,再结合其他岩性特征,从而可以对该层沉积岩的沉积环境作出判断。

C-M 图是帕塞加(Passega,1957、1964)提出的。帕塞加将搬运沉积物的底流分为 2 种形式:牵引流、重力流。重力流沉积与牵引流沉积在 C-M 图上有着较明显的区别。在 C-M 图中,将 C-M 的点连成一条线,构成 C-M 基线。重力流沉积的图形是以平行于 C-M 基线为特征的;而牵引流沉积的图形则只有较短的一部分平行 C-M 基线,或者完全不与 C-M 基线平行。

1)牵引流沉积的 C-M 图

在 C-M 图中,牵引流沉积的典型图形可划分为 N—O—P—Q—R—S 各段(图 6-15)。弯曲的 S 型图是以河流沉积为例的完整 C-M 图,1 为牵引流沉积,2 为浊流沉积,3 为静水悬浮沉积;I、II、III、IX 段为 $C>1000\mu m$,IV、V、VI、VII、VIII 段为 $C<1000\mu m$,各段界限的划分见表 6-7。

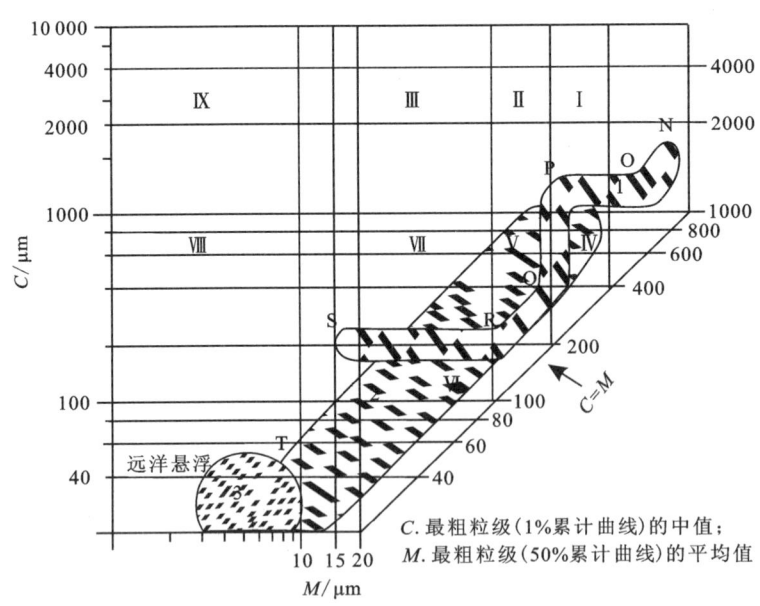

图 6-15 牵引流沉积的 C-M 图

(1) QR 段代表递变悬浮沉积。递变悬浮搬运是指在流体中悬浮物质由下向上粒度逐渐变细,密度逐渐变低。它一般位于水流底部,常因涡流发育而成。当涡流流速降低时,迅速发生滚动。递变悬浮沉积物的一个最大特点是 C 与 M 成比例地增加,即 C 值与 M 值相应变化,从而使这段图形与 $C=M$ 基线平行。

表 6-7 各段界限划分表

C 值	M 值			
	$M<15$	$15 \leqslant M<100$	$100 \leqslant M<200$	$200 \leqslant M$
悬浮沉积物 $C<1000\mu m$	Ⅷ	Ⅶ	Ⅵ	Ⅴ
滚动沉积物 $C \geqslant 1000\mu m$	Ⅸ	Ⅲ	Ⅱ	Ⅰ

在牵引流沉积中,C 值常指示最大的地质营力。QR 段 C 的最大值以 Cs 表示,一般认为 Cs 是代表底部的最大搅动指数。而这段的最小值 Cu 则为底部的最小搅动指数。

(2) RS 均匀悬浮是粒径和密度不随深度变化的完全悬浮。均匀悬浮常是递变悬浮之上的上层水流搬运方式。在弱水流中可能不存在递变悬浮,而是由均匀悬浮直接与底床接触。均匀悬浮的物质主要为粉砂和泥质的混合物,最粗粒度为细砂。由于均匀悬浮搬运常不受底流分选,在河流中自上游至下游沉积物的粒度成分变化不大,只是粗粒级含量相对减少。因此在 RS 段中 C 值往往基本不变,而 M 值向 S 端减小。

RS 段的最大 C 值即 Cu,它为均匀悬浮搬运的最大粒级。

(3) PQ 段仍以悬浮搬运为主,但含有少量滚动搬运组分。由上游至下游 C 值变化而 M 值不变,说明随着地质营力的减弱,愈向下游滚动组分的颗粒愈小,但由于滚动颗粒的数量并不多,因此 M 值基本不变。

(4) OP 段以滚动搬运为主,滚动组分与悬浮组分相混合。C 值一般大于 $800\mu m$,但由于滚动组分中有悬浮物质的参加,从而使 M 值有明显的变化。

(5) NO 段基本上由滚动颗粒组成,C 值一般大于 $1mm(1000\mu m)$,常构成河流的砂坝砾石堆积物。

具体到某一地层成因单位来看,其 C-M 图常常不包含上述所有的段,而是只有少数几个段,各段的位置和大小亦不尽相同。如能抓住这些特点,并将其与典型的 C-M 图形进行对比,便可作出沉积成因解释。

除河流沉积外,还有一些其他类型的牵引流沉积。

在海滩地带,由于环境动荡,细的悬浮物质不沉降,因此粗颗粒不能被埋藏,滚动颗粒可以搬运很长距离后再沉积。所以在海滩沉积物中滚动组分很多。海滩沉积物的 C-M 图表现为分散的图形,一般 $C>200\mu m$,$M>100\mu m$,样品点在 Ⅰ、Ⅱ、Ⅴ 区中散布。

远洋区集中了最细的悬浮沉积物,其颗粒均十分细小,在 C-M 图上构成了 3 区。除深海外,深湖、潟湖、海湾等静水盆地沉积也属于这一类型。

2)重力流沉积的 C-M 图

重力流沉积的 C-M 图是很好的平行于 C-M 基线的图形(图6-16)。

重力流的流速很快,当流速降低时,悬浮物质移向底部,使底部密度不断增加,最终形成整体的沉降作用,形成未分选的沉积物。浊流沉积所特有的递变层理,正是递变悬浮和整体沉降作用的反映。

重力流为高密度流,沉积作用进行很快,粗颗粒沉积后随即被埋藏,因而组分中缺乏滚动颗粒。其结果是,在 C-M 图上重力流沉积物的 C 值与 M 值密切相关变化,形成与 C-M 基线平行的图形。这一特点与牵引流的递变悬浮沉积(QR 段)相似。但 C 值与 M 值的变化幅度均较大,这一点却是浊流沉积 C-M 图的独有特征。

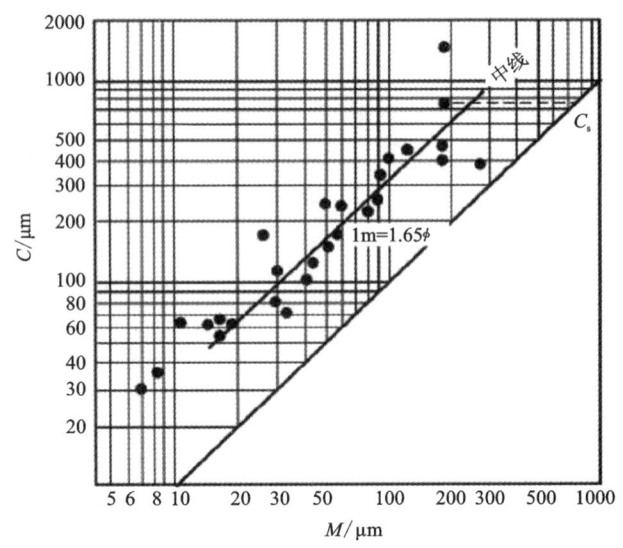

图 6-16 浊流沉积的 C-M 图

如在重力流沉积 C-M 图点群中画一条平均线,平均线与 C=M 基线的水平距离 I_m 能代表重力流的分选性。I_m 值愈小,说明沉积物的分选性愈好,因为在一般情况下,C 值遇 M 值靠近是分选好的标志。这一道理在牵引流递变悬浮沉积物的分选性分析中亦适用。

由于沉积物点群在 C-M 图上的位置取决于沉积物的搬运方式,因此,利用 C-M 图可对碎屑物质的搬运沉积条件作出判断。另外,各沉积环境都有其特征的 C-M 图模式,所以用 C-M 图也能为沉积环境解释提供依据。

粒度分析可以提供沉积环境方面,特别是水动力条件方面的资料,但粒度分析方法并不是总能得到理想的结果。这是因为粒度分布是环境流体动力因素的产物,但类似的动力条件可以出现于不同环境;而不同成因的碎屑沉积物又可能混合出现。加上物源供应、构造条件等各种因素上的差别,情况常常十分复杂。

因此,只有将粒度分析资料与沉积构造、生物特征、地质背景等结合起来共同作为环境判别的标志,才能得出正确的结论。

四、粗碎屑岩(砾岩、含砾砂岩)粒度分析方法

目前针对砂岩结构特征的研究方法和技术已趋于成熟,作为粗碎屑岩的主要组成部分,砾岩的结构特征研究也一直备受关注。冯增昭等在 20 世纪 70 年代结合中外砾岩研究现状,提出了砾岩的分类和研究方法,并对砾石的粒径、形态等参数进行了论述。杨光(2010)、孙雨等(2010)通过岩芯图像分析技术对砾岩中砾石的结构特征进行了研究。但是针对砾岩的结构特征研究主要存在两方面的问题:①仅对砾岩中砾石的结构特征进行分析,而忽略了其中的砂级及砂级以下的颗粒结构特征;②仅通过取直径 2.5cm 样品代替整个岩芯样品,并进行

粒度分析(刘芳等,2010;刘晖等,2010;操应长等,2014),得到的颗粒组成以砂级颗粒为主。砾岩的这两种粒度分析方法,均未将砾石颗粒与砂级颗粒相结合进行砾岩的粒级组成研究,所获得的颗粒结构特征并不能代表真实的砾岩颗粒结构特征。针对砾岩的颗粒结构特征应用现有的粒度分析方法难以实现的特点,需开展适于砾岩、砾质砂岩等粗碎屑岩的粒度分析方法研究,系统总结砂砾岩的颗粒结构特征,为粗碎屑砂砾岩体的油气勘探提供一定的地质理论基础。

目前,碎屑岩粒度分析方法主要有直接测量法、筛析法、沉降法、激光粒度分析法及薄片图像分析法。直接测量法是利用直尺或测规直接测量直径大于2mm的砾石的直径,并分析其特征的粒度分析方法。筛析法是分析细砾级和砂级松散沉积物粒度特征的主要方法,通常取筛析样品50g以上,在震筛机上筛约10min,然后分级称重(丁喜桂等,2005;蒋明丽,2009;肖晨曦和李志忠,2010)。直接测量法和筛析法仅适用于松散沉积物,而对于已固结成岩的砾岩,若采用机械破碎,容易使颗粒发生破碎或破碎不完全,导致分析结果不准确;若采用化学试剂溶解填隙物的方法,会使颗粒同时发生溶解,导致分析结果不准确。沉降法的基本原理是利用颗粒沉降速度来划分粒级分布,但这个方法只适用于分析较细的粉砂和黏土样品。激光粒度分析法是根据激光照射到颗粒后,颗粒能使激光产生衍射或散射的现象来测试粒径范围在0.02~2mm的粒度分布。薄片图像分析法的原理将显微镜下的图像摄取到计算机中(选择有代表性的视域采集图像),在计算机上对颗粒的二维图像进行测量统计、编辑处理并以此结果表征碎屑岩的粒度分布特征。薄片图像分析法作粗粒、中粒及细粒砂岩的粒度分析是比较可靠的,但对砾岩、砾质砂岩中的砾石颗粒来说是做不到的。

因此,对于砾岩、砾质砂岩等粗碎屑岩,目前已有的碎屑岩粒度分析方法不能够准确表征其粒度特征。为得到更准确的颗粒组成,还需要结合岩芯上砾石的直径测量结果(袁静等,2011)。一般采用宏观精描图像分析与微观薄片图像分析相结合的粒度分析方法(图6-17)定量表征粗碎屑岩颗粒结构特征。对于砾岩、砾质砂岩中的砾级颗粒,采取对岩芯砾级颗粒1∶1精描的方法,获取砾级颗粒图像,然后通过图像分析系统求取每个砾石的面积及其等面积圆直径、岩芯总面积等参数,计算砾级颗粒粒度分布特征以及砾石含量等参数;对于砾岩、砾质砂岩中的砂级、粉砂级颗粒,从岩芯中选择代表性区域磨制薄片,利用图像分析系统计算各砂级、粉砂级颗粒的面积及其等面积圆直径,并将薄片中各砂级、粉砂级颗粒面积转化为其在岩芯中所占面积,从而求出在岩芯中砂级、粉砂级颗粒粒度分布特征和颗粒含量等参数。将宏观精描图像分析与微观薄片图像分析相结合,建立由砾级颗粒到砂级、粉砂级颗粒的粒度概率累积曲线,并由累积曲线求取粒径和分选系数,以及不同粒级颗粒含量等粗碎屑岩的颗粒结构参数。

具体计算方法如下:假设岩芯总面积为S,岩芯中砾级颗粒总面积为S_A,岩芯中砂级、粉砂级颗粒总面积为S_B,则

$$S_A = \sum_{i=1}^{n} S_A i \tag{6-7}$$

式中:$S_A i$为岩芯中每个砾石颗粒的面积;n为指岩芯中砾石颗粒的个数;S、S_A可由岩芯精描得到。

图 6-17 宏观岩芯精描与微观薄片相结合的粒度分析方法

选取薄片代表视域,可知薄片视域总面积为 S_c,薄片中所圈砂级、粉砂级颗粒总面积为 S_b,则

$$S_b = \sum_{i=1}^{n} S_b i \quad (6-8)$$

$$S_B i = S_b i / Sc \times (S - S_A), i = 1, 2, 3, \cdots, n \quad (6-9)$$

$$S_B = \sum_{i=1}^{n} S_B i = S_b / S_c \times (S - S_A) \quad (6-10)$$

式中:$S_b i$ 为薄片中每个砂级、粉砂级颗粒的面积;

$S_B i$ 为岩芯中每个等面积圆直径的砂级、粉砂级颗粒所对应的面积;

n 为薄片中砂级、粉砂级颗粒的个数;

S_B 可由岩芯精描与薄片图像粒度分析综合得到。

岩芯中颗粒总面积 $S_g = S_A + S_B$ (6-11)

岩芯中每个等面积圆直径的砾石面积占颗粒总面积的百分含量:

$$P_A i = S_A i / Sg \times 100\% \quad (6-12)$$

岩芯中每个等面积圆直径的砂级、粉砂级颗粒面积占颗粒总面积的百分含量:

$$P_B i = S_B i / Sg \times 100\% \quad (6-13)$$

利用岩芯中每个等面积圆直径对应颗粒面积占颗粒总面积的百分含量数据,绘制岩芯粒度概率累积曲线图,并求取颗粒结构参数。

采用宏观精描图像分析与微观薄片图像分析相结合的粒度分析方法,以 FSA 井 4 322.7m(岩性为中砾岩)为例,可以得到由砾级颗粒到砂级、粉砂级颗粒的粒度概率分布表(表 6-8),绘制粒度概率累积曲线图[图 6-18(a)],并求取颗粒结构参数。

表 6-8　FSA 井 4 322.7m 岩芯精描粒度与薄片粒度相结合的数据表

ϕ 值	各粒级颗粒面积/mm²	颗粒累积面积/mm²	砾级颗粒面积/mm²	砂级颗粒面积/mm²	颗粒总面积/mm²	岩芯总面积/mm²	累积概率/%
−5.5	0	0	7 504.81	2 826.47	10 331.28	13 161.07	0
−5	990.68	990.68	7 504.81	2 826.47	10 331.28	13 161.07	9.59
−4.5	1 166.60	2 157.28	7 504.81	2 826.47	10 331.28	13 161.07	20.88
−4	524.46	2 681.74	7 504.81	2 826.47	10 331.28	13 161.07	25.96
−3.5	1 368.74	4 050.48	7 504.81	2 826.47	10 331.28	13 161.07	39.21
−3	1 059.31	5 109.79	7 504.81	2 826.47	10 331.28	13 161.07	49.46
−2.5	592	5 701.79	7 504.81	2 826.47	10 331.28	13 161.07	55.19
−2	430.94	6 132.73	7 504.81	2 826.47	10 331.28	13 161.07	59.36
−1.5	601.8	6 734.53	7 504.81	2 826.47	10 331.28	13 161.07	65.19
−1	770.28	7 504.81	7 504.81	2 826.47	10 331.28	13 161.07	72.64
−0.75	341.19	7 846.00	7 504.81	2 826.47	10 331.28	13 161.07	75.94
−0.5	252.99	8 098.99	7 504.81	2 826.47	10 331.28	13 161.07	78.39
−0.25	368.04	8 467.04	7 504.81	2 826.47	10 331.28	13 161.07	81.96
0	368.04	8 835.08	7 504.81	2 826.47	10 331.28	13 161.07	85.52
0.25	170.17	9 005.25	7 504.81	2 826.47	10 331.28	13 161.07	87.16
0.5	291.72	9 296.97	7 504.81	2 826.47	10 331.28	13 161.07	89.99
0.75	309.81	9 606.78	7 504.81	2 826.47	10 331.28	13 161.07	92.99
1	187.70	9 794.48	7 504.81	2 826.47	10 331.28	13 161.07	94.80
1.25	92.72	9 887.20	7 504.81	2 826.47	10 331.28	13 161.07	95.70
1.5	174.98	10 062.17	7 504.81	2 826.47	10 331.28	13 161.07	97.40
1.75	66.15	10 128.32	7 504.81	2 826.47	10 331.28	13 161.07	98.04
2	47.49	10 175.81	7 504.81	2 826.47	10 331.28	13 161.07	98.50
2.25	48.05	10 223.86	7 504.81	2 826.47	10 331.28	13 161.07	98.96
2.5	43.25	10 267.11	7 504.81	2 826.47	10 331.28	13 161.07	99.38
2.75	26.01	10 293.12	7 504.81	2 826.47	10 331.28	13 161.07	99.63
3	14.98	10 308.10	7 504.81	2 826.47	10 331.28	13 161.07	99.78
3.25	10.74	10 318.84	7 504.81	2 826.47	10 331.28	13 161.07	99.88
3.5	3.67	10 322.52	7 504.81	2 826.47	10 331.28	13 161.07	99.92
3.75	5.37	10 327.89	7 504.81	2 826.47	10 331.28	13 161.07	99.97
4	2.82	10 330.71	7 504.81	2 826.47	10 331.28	13 161.07	99.99
4.5	0.57	10 331.28	7 504.81	2 826.47	10 331.28	13 161.07	100

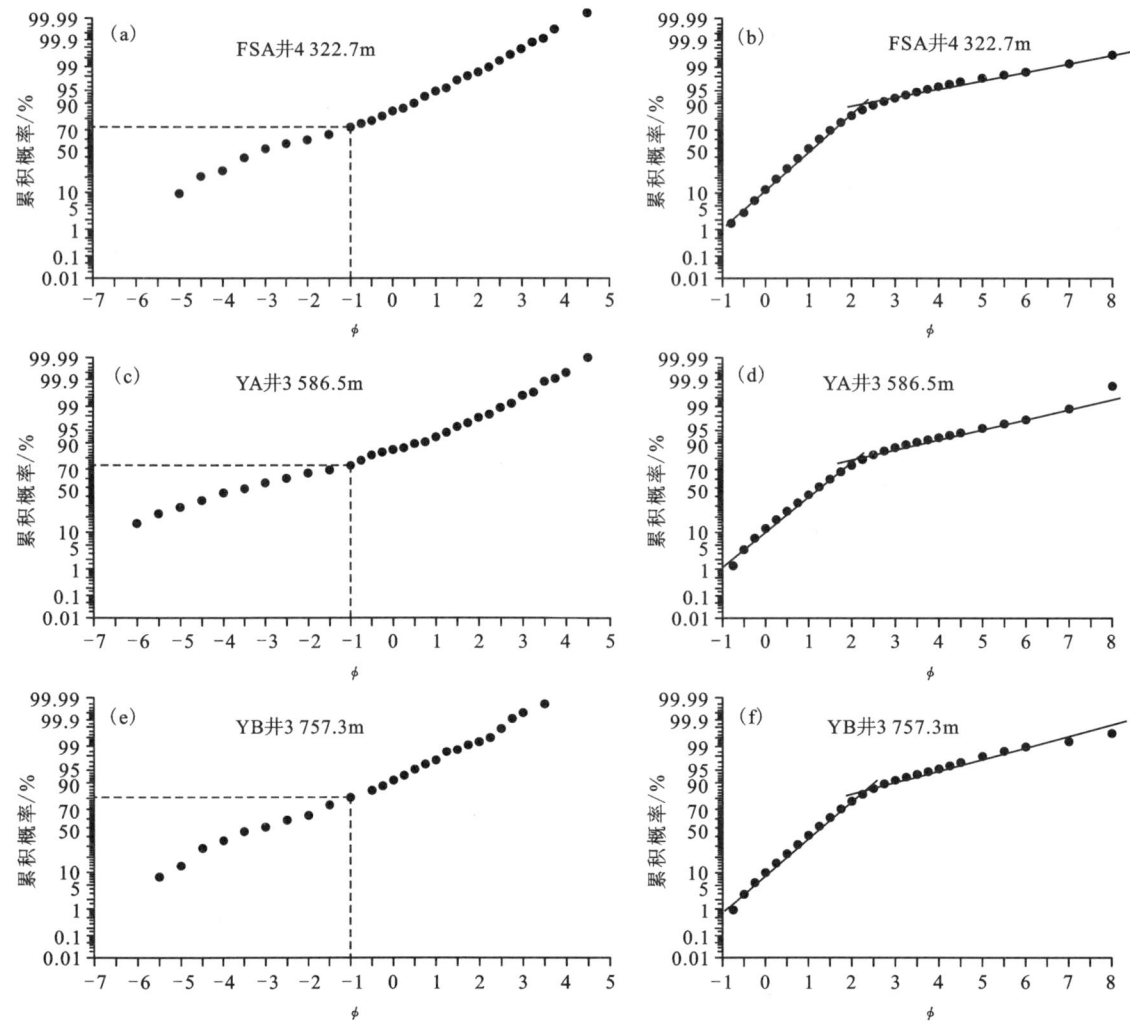

图 6-18 两种粒度分析方法绘制的砾岩粒度概率累积曲线

采用的颗粒结构参数主要有以下 5 个。

(1)ϕ_5 值：指粒度累积概率曲线上累积概率为 5% 时所对应的 ϕ 值，能够反映对水动力条件最灵敏的粗组分的分选情况。

(2)平均粒径：按福克和沃德的定义，平均粒径的表达式为

$$Mz = (\phi_{16} + \phi_{50} + \phi_{84})/3 \qquad (6\text{-}14)$$

式中，ϕ_{16}、ϕ_{50}、ϕ_{84} 分别指粒度累积概率曲线上累积概率为 16%、50%、84% 时所对应的 ϕ 值。

平均粒径 Mz 能比较准确地反映碎屑颗粒的集中趋势，它是沉积物最主要的粒度特征之一，用以表示沉积物在纵向或横向上的粒度变化规律。

(3)分选系数：可表示为

$$So = (P_{25}/P_{75})^{1/2} \qquad (6\text{-}15)$$

式中，P_{25} 和 P_{75} 分别为累积曲线上 25% 和 75% 处所对应的颗粒直径。

(4)砾石含量：砾石含量＝砾石总面积/岩芯总面积×100%。

(5)这里笔者提出一个参数"递降度",它是指同一岩相组合在垂向上单位深度变化范围内颗粒结构参数的差值,为了便于表述,我们将递降度统一取正值,表征结构参数的变化快慢,它反映了该岩相组合在形成过程中水动力条件的变化。

从而可以得到丰深 10 井 4 322.7m 颗粒结构参数值为:ϕ_5值等于-5.4ϕ,Mz 等于 -2.57ϕ,So 等于 3.08,砾石含量为 57.02%。

运用上述计算方法,针对砾岩、砾质砂岩等粗碎屑岩,可以建立由砾级颗粒到砂级颗粒的粒度概率累积曲线,而传统方法针对粗碎屑岩仅取砂级、粉砂级样品进行粒度分析得到的粒度概率累积曲线,两者之间存在一定的偏差(图 6-18)。

图 6-18(a)、图 6-18(c)、图 6-18(e)为采用宏观精描图像分析与微观薄片图像分析相结合的粒度分析方法绘制的粒度概率累积曲线,图 6-18(b)、图 6-18(d)、图 6-18(f)为采用激光粒度测试分析绘制的粒度概率累积曲线。可以看出,图 6-18(a)、图 6-18(c)、图 6-18(e)粒度概率累积曲线表现为一条低斜率的直线段,分选很差,粒度曲线跨度较大,为$(-6\sim5)\phi$,砾级颗粒$(<-1\phi)$所占比例高达 70%以上,悬浮总体含量高,该类曲线是重力流尤其是浊流沉积的典型特征。

图 6-18(b)、图 6-18(d)、图 6-18(f)粒度概率累积曲线跨度区间为$(-1\sim8)\phi$,砾级颗粒$(<-1\phi)$所占比例在 5%以下,由一个跳跃总体和一个悬浮总体组成,跳跃总体与悬浮总体交截点低,跳跃总体含量大于 80%,流体性质对应于浊流向牵引流演化的早期阶段。

激光粒度测试仪法仅仅对砾岩中的砂级组分进行了粒度分析,而忽略了砾岩中占 70%以上的砾级组分,它难以准确表征砾岩的颗粒组成特征,并由此导致对沉积环境以及流体性质判断有误。实际岩芯样品为扇根砾岩相,流体性质为典型的水下重力流。因此,采用宏观岩芯精描与微观薄片相结合的粒度分析方法能够更准确地表征砾岩的颗粒组成,所绘制的粒度概率累积曲线能够更准确地反映沉积环境以及流体性质。

实习七　岩石薄片观察与描述

一、实习目的和意义

沉积岩是在地表及沉积盆地内低温低压背景下形成的一种地质体，它是在常温常压下由风化作用、生物作用和某种火山作用形成的物质经过一系列改造（如搬运、沉积、成岩等作用）而形成的岩石。其岩矿组成与结构构造记录了大量有关物源、沉积水动力条件与成岩后生变化等方面的信息。薄片观察的目的是了解沉积岩颗粒、基质、胶结物与孔隙的基本特征；学会如何通过成分成熟度、结构成熟度分析判断沉积岩形成过程中的水动力条件与环境背景；通过孔隙结构分析，探讨影响储层储集性能的地质因素。学习和掌握各类沉积岩的岩石学特征，是我们进行储层评价、沉积环境与沉积相分析的基础。

二、实习要求

(1) 熟悉偏光显微镜的构造、装置、使用和维护保养方法。
(2) 矿物颗粒大小、含量的测定，消光、干涉、干涉色的观察。
(3) 每人至少完成碎屑岩与碳酸盐岩各 1 块铸体薄片的观察与描述。
(4) 尝试通过岩石薄片观察，分析沉积水动力条件与储集性能。

三、实习步骤

(1) 了解偏光显微镜的构造、装置、使用和维护保养方法，调节照明与焦距，校正中心。
(2) 矿物颗粒大小及含量的测量，明确物台标尺、目镜标尺的换算关系。
(3) 观察石英、长石、云母、碳酸盐岩岩屑、变质岩岩屑、火成岩岩屑、基质、胶结物的边缘轮廓特征与干涉色。①置目标矿物于视域中心，推入上偏光镜；②旋转物台使其消光，再转物台 45°观察干涉色特征；③插入云母板或石膏板，干涉色无明显变化，此即为高级白，否则为一级白。
(4) 描述颗粒组成、颗粒分选与磨圆度、胶结物类型、基质含量与孔隙结构。
(5) 分析沉积介质水动力条件及储集性能影响因素，提交薄片鉴定报告和相应素描图。

四、实习报告提纲

(1) 岩石结构与胶结、支撑类型。
(2) 颗粒大小、分选、磨圆情况。

(3)主要颗粒组成,胶结物类型与基质类型及含量。

(4)孔隙类型与成因分析。

(5)岩石定名、沉积介质水动力条件及储集性能影响因素分析。

五、岩石薄片观察和描述实例

(一)陆源碎屑岩薄片观察和描述

1. 成分及含量

1)碎屑颗粒

指出碎屑颗粒占整个薄片的含量。

(1)石英:占碎屑颗粒的含量及其特征。石英无色,透明,粒状,无解理,有时有裂纹,折光率略高于树胶,突起糙面不显著,表面光滑。干涉色一级灰白,最高时可达一级淡黄,一轴晶,正光性。除此以外,常见波状消光现象及气液体或其他矿物的包裹体。

(2)长石:占碎屑颗粒的含量及其特征。长石在碎屑岩中含量仅次于石英,由于长石较石英易风化,应区分"新鲜的"和"风化的"。在砂岩中最常见的长石是正长石和微斜长石,还有较少的酸性斜长石,中基性斜长石很少见。根据光性特征应区分正长石、微斜长石、透长石和斜长石。

(3)岩屑:占碎屑颗粒的含量及其特征。岩屑是母岩岩石的碎块,是保持着母岩结构的矿物集合体。所以,岩屑是提供沉积物来源区的岩石类型的直接标志。

(4)其他:包括重矿物、云母等。

2)杂基

主要是指泥质和细粉砂,也包括泥、粉晶碳酸盐矿物。在镜下呈隐晶质。由于经常被铁质浸染而带浅褐色,在含油砂岩中,杂基常被原油浸染而呈棕色、黑色。有时黏土矿物经后期重结晶而呈细小鳞片状或纤维状矿物。也要统计杂基占整个岩石的含量。

3)胶结物

含量、类型和特征

(1)铁质:最常见的铁质胶结物为赤铁矿或褐铁矿,在显微镜下为红色、褐色,不透明或半透明状。

(2)硅质:有石英、玉髓和蛋白石等。蛋白石:无色透明,折光率比树胶低得多,为 $1.40 \sim 1.46$,正交光下全消光,是均质体矿物。玉髓:无色透明,折光率与树胶接近,在正交光下可见小米粒状的微晶结构或呈放射纤维组成的球粒状、十字花状或扇形的集合体,一级灰干涉色。

(3)碳酸盐:以方解石和白云石为主。在染色片中可区分常见的不同类型碳酸盐矿物:方解石染成红色,铁方解石染成紫红色,铁白云石染成蓝色,白云石不染色。

除此以外还常见石膏、硬石膏、海绿石等胶结物。一块岩石中若有两种以上的胶结物,应注意不同胶结物之间、胶结物与颗粒之间的接触关系,以判断其生成顺序。

胶结物成分确定后,便估计其含量,挑选有代表性的几个视域,估算整个视域胶结物所占面积,依据胶结物面积占整个视域面积的比值,可以计算胶结物的百分含量。

2. 结构

(1) 颗粒结构：颗粒大小（最大、最小、一般），形状，分选，磨圆等。
(2) 填隙物结构：包括杂基和胶结物的结构。
(3) 孔隙结构：包括孔隙含量、类型、大小、几何形状、连通性、分选性。
(4) 颗粒接触关系、支撑性质和胶结类型。

3. 定名

采用"颜色、构造、粒度、成分"进行综合定名，如灰白色块状中粒长石砂岩。有时也把自生矿物等反映在岩石名称上，如灰绿色海绿石石英砂岩。

4. 常见成岩作用类型

(1) 压实及压溶作用：沉积物沉积后在上覆水体或沉积层的重荷下，或在构造应力的作用下，发生水分排出、孔隙度降低、体积缩小的作用。压溶作用指在负荷或应力作用下，在颗粒、晶体和岩层之间的接触点上，受到最大应力和弹性应变，化学势能不断增加，使应变矿物的溶解度提高，导致在接触处发生局部溶解（图 7-1A～图 7-1C）。

(2) 胶结作用：是指矿物质在碎屑沉积物孔隙中沉淀，并使沉积物固结为岩石的作用。应注意胶结物的成分及结晶程度，胶结物的结构或世代关系，以便了解胶结作用的强度及固结历史，如碳酸盐胶结、硅质胶结、黏土胶结等（图 7-1D～图 7-1F）。

(3) 重结晶作用：在成岩作用过程中，砂岩中的各种组分可以通过溶解、局部溶解和固体扩散等方式，使物质质点发生重新组合，由非晶质变成结晶质，或由小颗粒集合成粗大的晶粒，这就是重结晶作用。砂岩的重结晶作用主要发生在填隙物中，如方解石胶结物形成连生胶结，硅质胶结物形成再生石英（次生加大边）、黏土杂基转变成正杂基等均为重结晶现象。

(4) 交代作用及自生矿物的形成：交代作用是指一种矿物代替另一种矿物的现象。交代作用的发生与外来物质的加入和介质 Eh、pH 值条件的变化有关。通过对于矿物交代共生关系的研究，可以了解砂岩的成岩变化历史，如铁白云石交代白云石（图 7-1G）。

(5) 溶解或溶蚀作用：岩石组分发生部分或全部溶解的现象，如长石、碳酸盐矿物的溶蚀（图 7-1I）。

5. 孔隙类型

陆源碎屑岩的孔隙类型主要包括原生孔隙（图 7-1H），次生孔隙（图 7-1I），原生与次生混合成因孔隙、裂缝（图 7-1C）。

6. 实例描述

薄片编号：SC-001。产地：南华北盆地二叠系砂岩（图 7-2）。

砂状碎屑结构，颗粒支撑，孔隙式胶结，局部为基底式胶结。碎屑含量 85%，分选中等，磨圆度较差，粒度 0.3～0.5mm，主要成分为石英（80%）、岩屑（5%）。

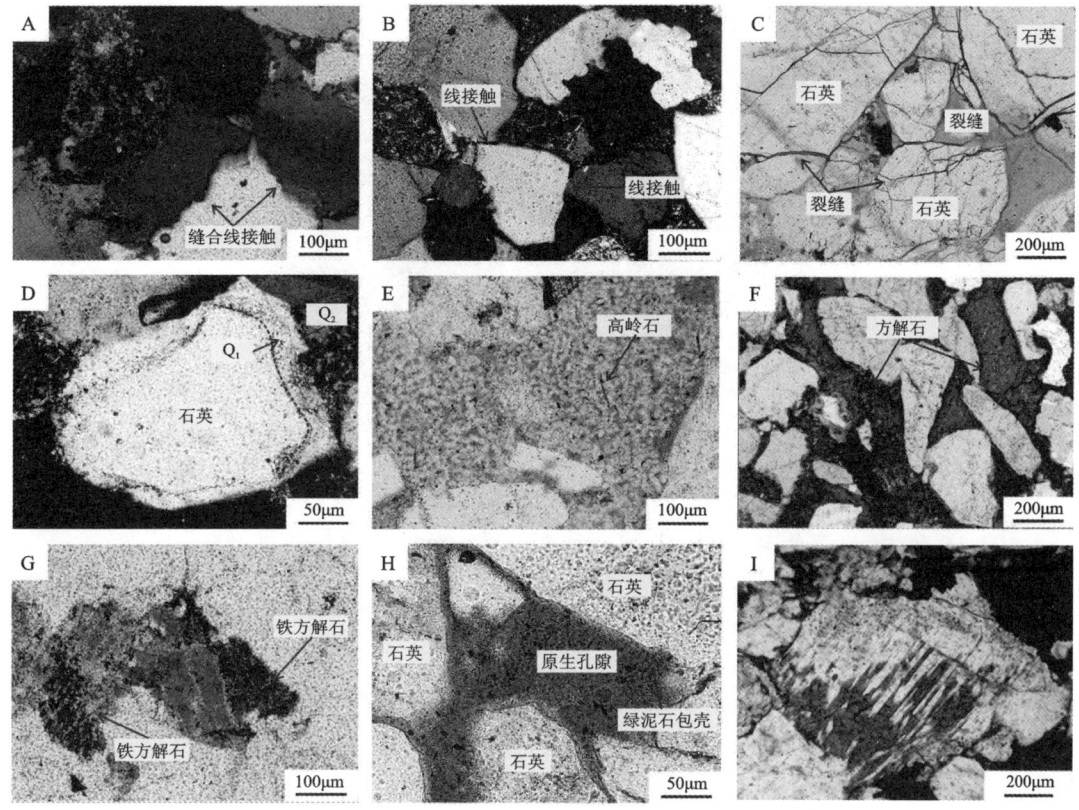

图 7-1 陆源碎屑岩储层微观特征

A. 压实作用,颗粒间缝合线发育;B. 压实作用,颗粒间凹凸接触;C. 压实作用导致颗粒破碎形成裂缝;D. 胶结作用,石英次生加大;E. 胶结作用、高岭石胶结充填粒间孔隙;F. 胶结作用、方解石胶结充填粒间孔隙;G. 铁方解石交代岩屑颗粒;H. 原生孔隙发育,见绿泥石颗粒包壳;I. 长石沿解理溶蚀

石英:次棱角状,具一级灰白干涉色,晶内常见包裹体,有的颗粒具波状消光。岩屑:次棱角-棱角状,粒度与石英碎屑相近,主要由玄武岩岩屑组成,少量片麻岩岩屑。填隙物含量15%,主要为黏土矿物(13%),少量铁质胶结物(2%)。黏土矿物:以蒙脱石为主,少量高岭石、水白云母。蒙脱石:鳞片状,粒度 0.005mm,单偏光下呈浅黄色,正交镜下具一级橙黄干涉色。成集合体分布在碎屑之间的孔隙中。高岭石:鳞片状,粒度 0.003mm,单偏光下无色,正交镜下具一级灰干涉色。铁质胶结物:黑色不透明,形态不规则,在强光下呈褐黑色,可能为褐铁矿。

砂状碎屑结构,颗粒支撑,孔隙式胶结。碎屑成分主要为石英,少量岩屑,成分成熟度中等;颗粒大小不均一,填隙物主要为黏土矿物,含量较高,分选较差。由于孔隙多被黏土与碳酸盐岩胶结物充填,可见孔隙不发育。砂岩中石英颗粒具波状消光,指示母岩为变质岩,同时玄武岩岩屑指示部分母岩为火成岩。颗粒分选较差,黏土含量较高,磨圆度较差,表明沉积水动力较弱。

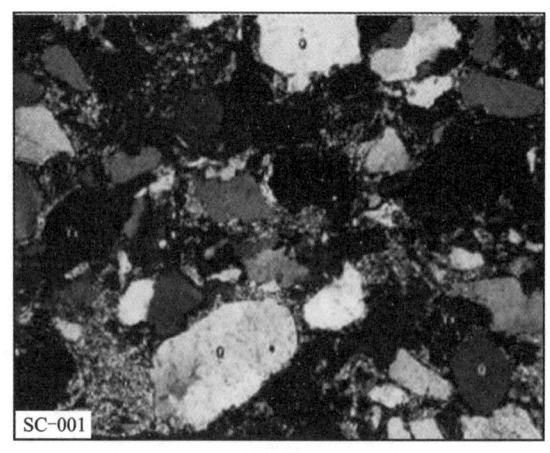

图 7-2 中粒岩屑石英砂岩微观特征,×50(+)

(二)碳酸盐岩薄片观察和描述

1. 矿物成分

碳酸盐岩的矿物成分主要为方解石和白云石,此外还有自生的硅质矿物(玉髓或自生石英)、海绿石、石膏、黄铁矿(可氧化成褐铁矿)和陆源碎屑等。对于矿物成分鉴定而言,至关重要的是区别白云石和方解石。

1)碳酸盐矿物成分的鉴定

鉴别方解石、白云石等碳酸盐矿物的准确简便方法是染色法,即用 0.1g(100mg)的茜素红 S 粉末,溶解在 100ml 浓度为 0.2% 的盐酸中,把这种溶液滴在未加盖片的岩石薄片上,稍等 10~30s 后,方解石、高镁方解石、文石均呈深红色,含铁白云石、铁白云石呈紫蓝色,白云石、菱镁矿、石膏等均不染色。

如果用茜素红 S 和铁氰化钾混合染色剂,便可区分方解石和白云石中铁的含量。此溶液的配置方法是:将 1g 茜素红 S 和 5g 铁氰化钾一起溶于 100ml 浓度为 0.2% 的稀盐酸中。按染色情况可对 FeO 的含量进行半定量鉴定。染色结果为如下:

无铁方解石(FeO 含量小于 0.005%)呈红色;铁方解石(FeO 含量为 0.5%~1.5%)呈蓝紫色;铁方解石(FeO 含量为 1.5%~2.5%)呈淡蓝色;铁方解石(FeO 含量为 2.5%~3.5%)呈深蓝色;无铁白云石不染色;含铁白云石呈亮蓝色;铁白云石呈暗蓝色。

上述两种染色法,以复合试剂染色效果最好,故在目前教学生产制片中普遍采用此种染色法。

2)自生非碳酸盐矿物的鉴定

在碳酸盐岩中常出现的自生非碳酸盐矿物有:石膏、重晶石、石英、海绿石等,鉴定方法主要是根据薄片中的颜色、晶形、解理、干涉色、消光类型及消光角的大小、轴性、光性等项光性特征来进行。鉴定的主要内容有:矿物成分、自形程度、晶体大小、分布及其含量。在观察这些矿物成分时,应特别注意自生石英与陆源碎屑石英的区别。自生石英常具有环境鉴定意义,这种石英的特点是晶形完好,没有磨蚀现象,干净透明,并常见碳酸盐矿物包裹体。其产出形式有3种：①孤立的、完好的晶体充填于孔隙中，不交代其他矿物；②交代其他碳酸盐矿物（颗粒或填隙物）或者充填在裂隙中；③作为胶结物的形式出现在淡水潜流带或渗流带的特殊环境中，这种石英可以显示出世代现象。

3) 陆源碎屑矿物鉴定。陆源碎屑混入物主要有黏土矿物、石英、长石及重矿物等。陆源黏土矿物粒度极细，透明度甚差，昏暗，镜下又不易鉴定，可大致估计其含量，并描述分布均匀情况。

陆源石英、长石、岩屑及重矿物碎屑的鉴定方法与碎屑岩的鉴定相同，故不作重述。

2. 结构组分和结构类型

结构在一定程度上反映岩石的成因，它不仅是岩石鉴定的重要标志，也是岩石分类和命名的重要依据。碳酸盐岩的结构类型多样，常见的结构类型包括以下几种。

1) 颗粒结构

颗粒结构是颗粒碳酸盐岩的主要结构特征。按照颗粒的类型不同可以细分为：砾屑结构、砂屑结构、鲕粒结构、生屑结构、团粒结构、粪球粒结构、藻屑结构、核形石结构等以及由两种或两种以上颗粒所组成的复合型结构，如鲕粒砂屑结构、砾屑生屑结构。无论在镜下观察哪种结构的碳酸盐岩，均要统计颗粒的数量、类型、粒径、外部形态及内部特点、颗粒的支撑方式；对于磨蚀性颗粒（包括内碎屑、生屑、藻屑），还要进一步观察其分选性、磨圆性和定向性。

要描述颗粒结构，就要首先描述颗粒组分。

(1) 内碎屑：应确切鉴别砾屑、砂屑和粉屑，注意其内部结构和氧化情况。砾屑可以具有石灰岩中的任何一种结构，但泥晶结构更常见。砂屑、粉屑粒度较细，通常内部为泥晶结构。大小均匀的砂屑易与团粒相混，可注意观察它是否具有较刚性的破碎边缘或棱角，如果圆度很好，一般视为团粒，但有时需要考虑共生岩石才能作最后鉴别。粉屑和粪球粒的区别是，后者有机质含量高，在薄片中呈暗色。形状近于卵形或椭球形，大小均匀、分选极好。

(2) 鲕粒：首先观察鲕粒的类型及各类型鲕粒的相对含量，描述各类鲕粒的形状、大小、内部结构（包括核部成分、同心层的圈数与厚度）、鲕粒的分布及保存的完整程度。在薄片中常见的鲕粒类型有以下几种。①正常鲕：同心层厚度大于核部的直径。②表鲕：同心层厚度小于核部的直径。③复鲕：在一个鲕粒中，包含有两个或两个以上的核部。④偏心鲕：鲕粒核部偏离中心位置。⑤放射鲕：同心层具有放射状结构。⑥变形鲕：包括同生变形鲕和压溶变形鲕。对于内部结构较清楚的变形鲕，还应当描述原生鲕粒的类型。另外，鲕粒的形状往往受核部形状的制约，若鲕粒的核部为长条形生物碎屑，这种鲕粒往往是拉长的椭球形，它仍属于原生鲕粒范畴，不能作为变形鲕。⑦残余鲕：鲕粒发生强烈的白云岩化作用，其内部结构被破坏，仅部分残留有原结构的特点。⑧单晶鲕和多晶鲕：经重结晶或溶解沉淀作用，整个鲕粒内部由单颗或多颗方解石或白云石晶体所组成。⑨负鲕（空心鲕）：鲕粒内部被选择性溶蚀，形成粒内孔隙。

(3) 生物碎屑：有孔虫、介形虫、三叶虫、腕足等。

(4) 球粒：是一种粉砂至细砂级的、不具内部结构的、泥晶的、球形或椭球形、分选良好的颗粒。在镜下应描述球粒的形状、大小、矿物成分、内部结构、分布特点及相对百分含量。

(5) 藻粒：包括藻鲕、核形石、凝块石、藻团块及藻屑。核形石一般粒径粗大，主要在手标本和野外露头上描述。镜下观察的主要目的是鉴定藻的种类(藻迹或各种微管状藻),其次是核部的成分。凝块石外形不规则,边缘凹凸不平,但清晰可见,内部为泥晶方解石,有机质含量较高,颜色偏暗,但是有机质的分布通常是不均匀的,透明度也不均匀,透明度低时,内部可能见藻迹。藻团块和凝块石并无本质上的区别,只是内部和边缘黏结有其他颗粒,如生物碎屑和鲕粒等。藻屑除有藻纹层或藻绵孔外,其边缘一般较平整,出现较刚性的外貌。

2) 填隙物的结构

填隙物主要有两部分:一是充填于颗粒之间的细粒物质(粒径一般小于 0.05mm 或 0.1mm),主要为泥晶,少量陆源黏土杂基及渗流粉砂等;二是化学胶结物,即亮晶方解石。

(1) 泥晶:泥晶与碎屑岩中的杂基相当,但它是在盆地内部生成的。泥晶按其成分可分为灰泥和云泥两种。总的镜下特点是半透明、微褐色、质点细小。由于它们的表面能较大,在成岩过程中极易重结晶,形成相对粗大的晶体。经重结晶后形成的方解石与亮晶方解石相混淆。泥晶在镜下的描述内容有成分、晶形、大小、百分含量及分布特点。

(2) 亮晶胶结物:晶体干净,透明度好。晶体界线多平直,与颗粒边缘界线清楚。晶体含量不能超过岩石总含量的 50%,可出现世代特征。对亮晶胶结物,可进一步观察其晶体形态、大小、分布及其与颗粒的关系。

3) 胶结类型及支撑方式

胶结类型与岩石的孔渗性有关,对岩石的储集性能影响甚大,在储层研究中应予以高度重视。

颗粒碳酸盐岩的胶结类型与碎屑岩基本相同,主要有基底式、孔隙式、接触式及它们之间的过渡类型。与此同时,还应研究颗粒之间的支撑方式,即岩石是颗粒支撑的,还是泥晶支撑的。因为这两种支撑方式反映两种不同的水动力条件。胶结类型和支撑方式之间存在着一定的对应关系。即孔隙式、接触式胶结的岩石,一般是颗粒支撑的,反映正常波浪和牵引流成因的;基底式胶结的岩石,若填除物多为泥晶,则属于泥晶支撑,反映一种低能环境或者为风暴流、重力流成因的。

3. 岩石综合定名

碳酸盐岩的综合定名原则与手标本的定名基本相同,只是加上镜下观察的结果,使岩石名称更加准确、可靠。基本步骤如下:

(1) 首先按矿物成分定名。矿物成分的命名原则与碎屑岩的成分命名原则完全相同,根据矿物成分与百分含量实行"含××""××质""××岩"的三级命名。

(2) 按碳酸盐岩构结构组分命名,要考虑颗粒和填隙物(胶结物和泥晶)的类型及百分含量。三级命名原则也适用于结构分类和命名。

(3) 附加岩石名称,主要考虑岩石的颜色、特殊构造(如鸟眼构造)、特殊的自生矿物(如海绿石)及成岩后生作用的类型等。

(4) 已惯用的名称(如竹叶状灰岩、豹斑灰岩、叠层石白云岩、瘤状灰岩等),可沿用下去。

(5) 综合定名的格式:颜色+成岩作用类型+特殊矿物+特殊构造+岩石的基本名称进行命名,如灰色白云化含海绿石亮晶鲕粒石灰岩、灰色去白云化灰质白云岩、灰色块状层孔虫生物礁灰岩。

4. 碳酸盐岩成岩作用

广义的碳酸盐岩成岩作用即碳酸盐沉积物的沉积后作用,是在沉积作用阶段之后,碳酸盐沉积物及碳酸盐岩所发生的一系列的物理的、化学的、物理化学的和生物的作用,以及这些作用所引起的碳酸盐沉积物和碳酸盐岩的结构、构造、成分以及物理和化学性质的变化。常见的成岩作用有以下几种。

(1)压实及压溶作用:压实作用主要表现为塑性变形和破裂两种类型,如变形鲕粒、变形砂屑以及脆性颗粒破裂等(图7-3A、图7-3B)。

(2)溶解作用:由于碳酸盐沉积物或碳酸盐岩中孔隙水的性质发生变化而引起碳酸盐矿物或其他成分发生溶解的作用(图7-3C、图7-3D)。

(3)碳酸盐矿物的转化和重结晶作用:矿物转化作用包括矿物的同质多象转化即晶格和晶形不改变而化学成分改变,如文石→低镁方解石;矿物的异质同象转化,有离子的带入和带出,化学成分变化,晶格和晶形无变化,如高镁方解石→低镁方解石。单纯的重结晶作用是指在成岩作用过程中,矿物的晶体形状和大小发生变化而主要矿物成分不改变的作用,晶体长大→进变新生变形作用→微亮晶、晶体缩小→退变新生变形作用→微泥晶(图7-3E)。

(4)胶结作用:类似于碎屑岩,把碳酸盐颗粒或矿物黏结起来使之变成固结的岩石的作用,其途径是形成胶结物。包括碳酸盐类矿物如方解石、文石;非碳酸盐矿物如海绿石、石膏、硬石膏(图7-3F)。

(5)交代作用:指一种矿物交代另一种矿物的作用,如去白云化作用(方解石化作用)——方解石交代白云石;石膏化和硬石膏化——石膏、硬石膏交代碳酸盐矿物或组分的现象;去石膏化作用——石膏、硬石膏晶体被碳酸盐矿物交代的作用(图7-3G)。

(6)生物成岩作用:生物直接作用或生物参与条件下的岩石形成过程。即生物在造岩、成岩作用过程中所起的作用、成岩的机理、过程和结果。

(7)表生溶蚀作用与热液溶蚀作用:在表生成岩阶段,构造抬升使已固结的碳酸盐岩地层进入近地表环境,接受大规模的大气淡水淋滤后形成叠置的大型溶洞、溶蚀孔洞即为表生溶蚀作用(图7-3C、图7-3D);在深埋藏时期,受深部热液流体如烃源岩释放的有机酸等侵蚀形成溶蚀孔洞的作用为热液溶蚀作用(图7-3H、图7-3I)。

5. 孔隙类型

根据储集空间形态或地质成因对碳酸盐岩储集空间所做的分类。碳酸盐岩储集空间非常复杂,大小相差极为悬殊,大的可为数百米级的溶洞,小的只有在显微镜下才能观察到,形状也相当复杂(图7-4)。不同的学者,出于不同的目的,提出了许多不同的分类。归纳起来,这些分类的立足点,不外两个方面:着眼于储层描述或着眼于地质成因。通常按孔隙空间的形态、大小将其分为孔、洞、缝3类。这3种空间在储层中分布的数量不同和在油气储存流动上所起作用不同,从而构成了不同类型、开发条件各异的储层。在孔隙很发育的岩石中,存在的是孔洞或孔隙型储层;在孔隙不甚发育的岩石中,存在的是裂缝-孔隙或孔隙-裂缝型储层;在孔隙极少的岩石中,存在的是裂缝型储层。

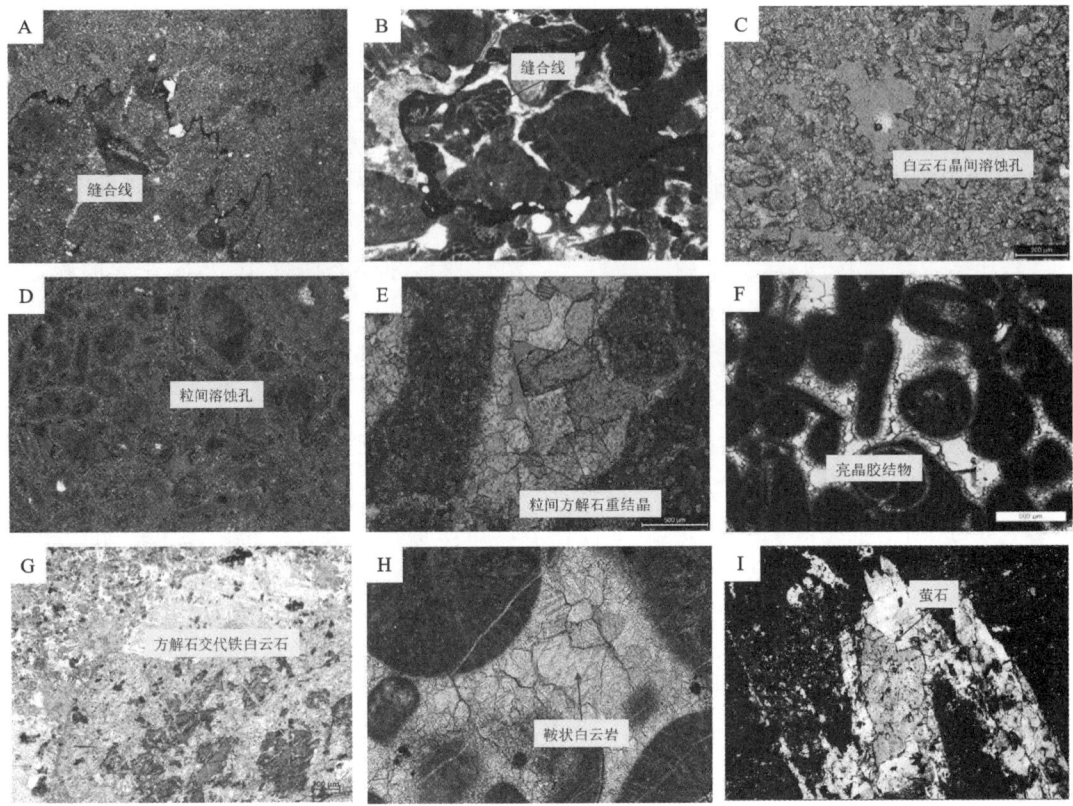

图 7-3 碳酸盐岩成岩作用微观特征

A.压溶作用,缝合线发育;B.压溶作用,缝合线发育;C.溶蚀作用,粒间胶结物溶蚀孔;D.溶蚀作用,粒间胶结物溶蚀孔;E.重结晶作用,粒间方解石重结晶;F.胶结作用,亮晶胶结物;G.交代作用,方解石交代铁白云石;H.热液溶蚀作用,形成鞍状白云石;I.热液溶蚀作用,形成萤石

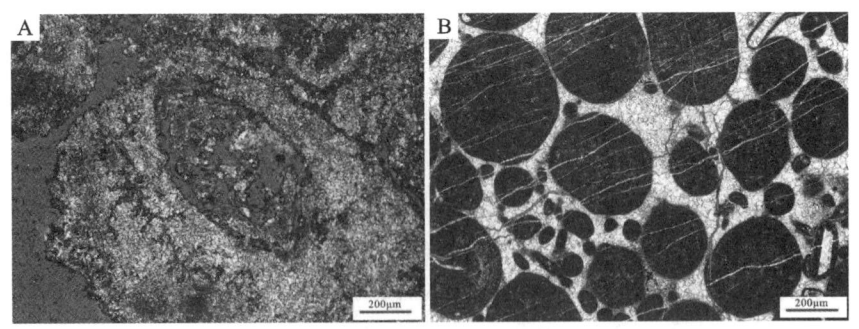

图 7-4 碳酸盐储层储集空间微观特征

A.溶蚀孔;B.裂缝发育

6. 举例

薄片编号:SN-078;产地:南华北寒武系灰岩(图 7-5)。

鲕粒结构,块状构造,颗粒支撑,孔隙式胶结。

鲕粒：鲕粒含量 85% 左右，呈圆形、椭圆形，直径 0.5～1mm，具明显的同心纹层，偶尔可见复鲕、偏心鲕。部分鲕粒的中心存在生物骨屑。组成鲕粒的成分为深灰色的微晶方解石，个别鲕粒中出现放射状的文石。填隙物含量 15%，完全由无色透明的亮晶方解石组成，根据亮晶方解石的形态及分布可分为两个世代。第一世代的方解石呈叶片状，分布在鲕粒的边部；第二世代的方解石呈不规则粒状，出现在鲕粒的间隙中。此岩石中的鲕粒同心纹层发育，孔隙完全被方解石胶结物充填，生成于较高能量的浅水环境。

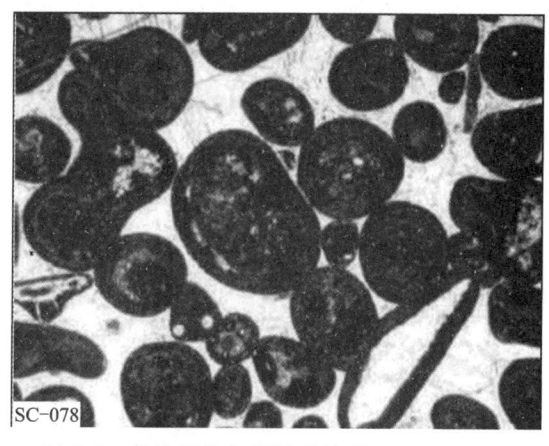

图 7-5 亮晶鲕粒灰岩微观特征，×50（一）

（三）火山碎屑岩薄片观察和描述

1. 物质成分

(1) 岩屑：岩屑形状多样，大小不一，可由微细粒至数米的巨块，依其物态可分为刚性及塑性两种，刚性岩屑是已凝固的熔岩，或火山基底和管道的围岩，火山爆炸时冲碎而成。塑性岩屑又称塑性玻璃岩屑、浆屑或火焰石等，是由塑性、半塑性熔浆在喷出后经塑变而成。

(2) 晶屑：晶屑多为早期析出的斑晶熔浆炸碎而成，大小一般不超过 2～3mm，常呈棱角状，有时保持原来的部分晶形，其成分多为石英、长石、黑云母、角闪石、辉石等。

(3) 玻屑：玻屑通常大小在 0.01～0.1mm 之间，很少超过 2mm，0.01～2mm 者称火山灰，小于 0.01mm 称火山尘。

2. 结构构造特征

(1) 颜色：火山碎屑岩常具有特殊鲜艳的颜色，如浅红色、紫红色、嫩绿色、浅黄色、灰绿色等。

(2) 结构：集块结构（火山集块＞50%）；火山角砾结构（火山角砾＞75%）；凝灰结构（火山灰＞75%）。

(3) 构造：递变层理、斑杂构造、平行构造、假流纹构造、气孔-杏仁构造、火山泥球构造。

3. 主要岩石类型及其特征

(1) 火山碎屑熔岩类：是火山碎屑岩向熔岩过渡的一个类型，熔岩基质中可含 10%～90% 的火山碎屑物质，具碎屑熔岩结构、块状构造。

(2) 熔结火山碎屑岩类：是以熔结（焊结）方式而形成的一类火山碎屑岩，火山碎屑物质达 90% 以上，其中以塑变碎屑为主。

(3) 火山碎屑岩类：即狭义的火山碎屑岩类，火山碎屑占 90% 以上，经压积或压实作用成岩，按粒度大小分为集块岩、火山角砾岩和凝灰岩。

(4)沉火山碎屑岩类:它是火山碎屑岩和正常沉积岩间的过渡类型,火山碎屑物质50%~90%,其他为正常沉积物质,经压实和水化学物胶结成岩。

(5)火山碎屑沉积岩类:以正常沉积物为主,火山碎屑物质占10%~50%,岩性特征基本同于正常沉积岩。

4. 成岩作用特征

(1)压实和压溶作用:火山碎屑一般塑性较强,抗压实能力弱,导致压实作用往往较强。在火山碎屑颗粒接触处可见压溶现象,形成凹凸-缝合接触(图7-6A、图7-6B)。

(2)胶结作用:与陆源碎屑岩类似,在火山碎屑岩中,往往发育碳酸盐、石英、沸石以及黏土矿物胶结等(图7-6C、图7-6F)。

(3)溶蚀作用:有机酸对火山物质及其伴生的胶结物的溶蚀作用是火山碎屑岩溶蚀孔隙产生的主要原因,溶蚀孔隙能够有效改善储层物性,如岩屑颗粒溶蚀与浊沸石胶结物溶蚀(图7-6G、图7-6I)。

(4)交代作用:在火山碎屑岩储层中,交代作用较为常见,如方解石交代火山岩屑颗粒、方解石交代浊沸石(图7-6G)。

5. 储集空间类型

火山碎屑岩储集空间类型主要包括3类,火山岩岩屑颗粒较粗,分选较好,凝灰质含量较少的储层有利于原生孔隙发育(图7-6H),溶蚀作用强烈发育的火山碎屑岩储层发育次生溶蚀孔(图7-6G、图7-6I),受构造等因素影响下发育的裂缝等。

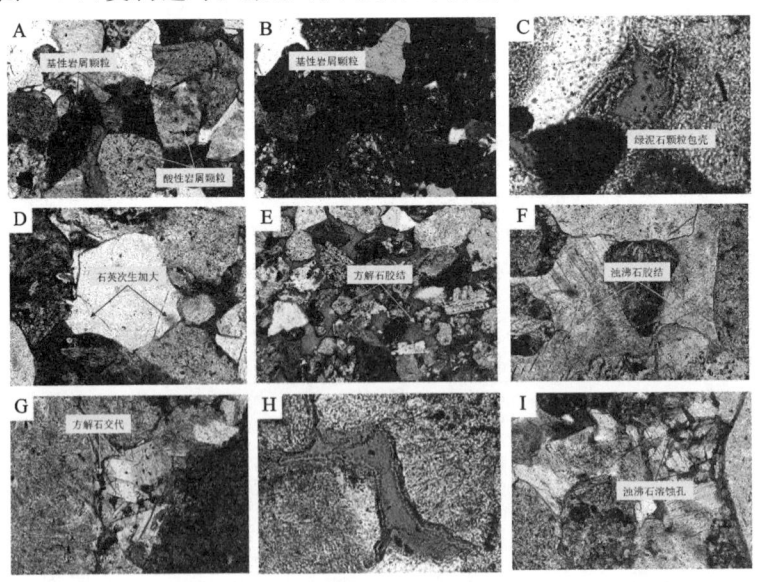

图7-6 火山碎屑岩成岩作用微观特征

A. 基性火山岩岩屑颗粒与酸性火山岩岩屑颗粒(一);B. 基性火山岩岩屑颗粒与酸性火山岩岩屑颗粒(+);C. 胶结作用,绿泥石包壳胶结;D. 胶结作用,石英次生加大;E. 胶结作用,方解石胶结充填粒间孔隙;F. 胶结作用,浊沸石胶结充填粒间孔隙;G. 方解石交代浊沸石;H. 原生孔隙发育;I. 浊沸石溶蚀孔

实习八 成岩物理模拟实验

一、成岩物理模拟实验设备

成岩模拟实验室主要依托我校构造与油气资源教育部重点实验室建设完成，可开展储层成岩物理模拟实验。实验室配备了自主研发的成岩物理模拟实验系统（图8-1），主要包括四大系统：①高温高压釜系统；②控制系统；③测量系统；④力学系统。运用该成岩物理模拟系统，能够设置并模拟不同温度、上覆压力、孔隙流体压力、矿物组分与流体介质条件下的成岩过程。主要技术指标如下。

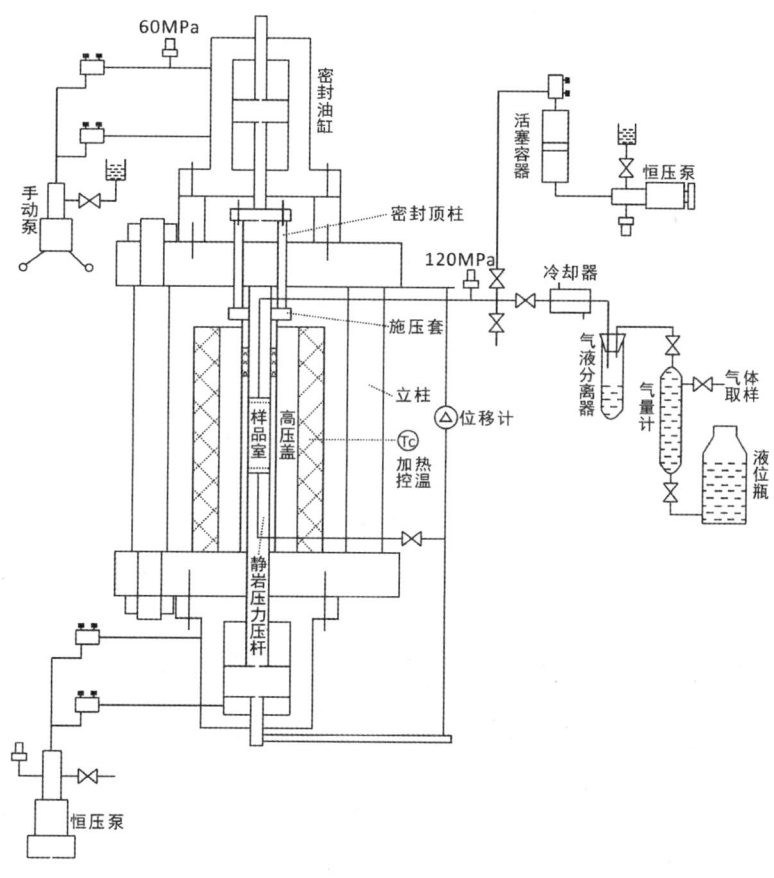

图8-1 成岩物理模拟实验系统示意图

(1)温度。模拟温度范围:0~600℃;温度控制精度:±1℃。

(2)压力。模拟上覆压力(直接施加至岩石上的压力):200MPa;模拟流体压力:100MPa;控制精度:±0.2MPa。

(3)高压釜内岩样尺寸。直径:25mm;高度:100mm。

(4)流体计量器。气液分离器、气量计、液位瓶;测量精度:±1mL。

成岩物理模拟系统的主要功能:

(1)依据实验目的,能够任意设置温度、上覆压力、孔隙压力、孔隙流体性质,开展地层条件下的成岩过程模拟。在保持的时间内仪器能够自动补偿这些参数的变化,参数的误差控制在精度内。

(2)计算机能够自动完整记录实验过程中的数据,并自动存储。

(3)能够模拟和计量烃源岩的生烃量。

(4)能够在保持孔隙流体压力的条件下,完成岩石的固结成岩。

二、实验教学计划

(1)典型成岩现象分析:选取典型的碎屑岩(或碳酸盐岩)储层进行铸体薄片与扫描电镜观察,分析成岩矿物类型及含量,总结主要成岩矿物的胶结、交代以及溶解-充填特征,初步分析成岩矿物胶结与溶蚀的期次以及成岩演化序列。

(2)成岩物理模拟实验:以实际储层样品的地层温度和压力为约束,利用成岩物理模拟实验装置,设计不同矿物类型及含量的人造砂岩样品,开展不同类型成岩物理模拟实验(不同时长、不同温压、不同流体介质条件),观察对比模拟过程中成岩矿物(如长石、碳酸盐类矿物等)胶结与溶蚀的变化(图8-2)。

(3)实验结果分析:引导学生分析模拟实验中矿物的溶蚀与沉淀条件、强度变化及其控制因素,进一步启发学生分析实际储层样品的成岩作用的发生过程。将实际成岩现象与成岩模拟实验结果对比,两者相互验证与补充,从而使学生充分认识与理解成岩作用的动态过程与发生机制,并分析不同成岩过程的主控因素。

(4)编写实验报告:以班级学习小组为单元(每个小组不超过5名同学为宜),落实小组成员在实验过程的分工与定位,鼓励小组成员相互交叉学习,对实验过程中的现象、结果进行充分讨论,探讨成岩作用发生的机理过程。小组成员对实验过程可能存在的疑问,可与老师沟通后进一步通过实验验证,形成一致性结论后,编写小组实验报告。

 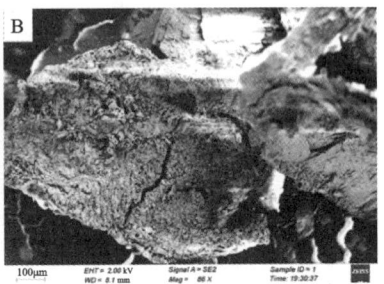

图 8-2 成岩物理模拟实验中对比不同条件下长石溶蚀与产物分布变化

(A组温度 $T=60℃$,反应时间 $t=2d$;B组温度 $T=100℃$,反应时间 $t=5d$)

实习九　成岩数值模拟实验

一、成岩数值模拟实验软件

成岩数值模拟实验是深入理解地表或地下岩石发生各种成岩作用的有效手段,再现了成岩作用的时空演化路径。成岩数值模拟的基本技术流程是在实际成岩环境约束下,基于岩石样品的分析结果(岩相类型、矿物组分与物性特征等),结合成岩矿物热力学与动力学参数特征,建立相关数值模型(有限元差分法、离散元法等),合理进行网格剖分与边界条件设置,通过数学迭代计算获取成岩作用路径与孔隙演化结果(图9-1)。成岩模拟实验室具备目前主流的成岩数值模拟软件(TOUGHREACT、PHREEQC等)(图9-2)。这些软件是基于等温或非等温条件下孔隙介质中多相多组分反应溶质运移进行设计的,可开展不同温压环境、流体组分、氧化还原条件以及开放-封闭体系下的溶质迁移过程,查明成岩矿物沉淀与溶蚀的时空变化规律。

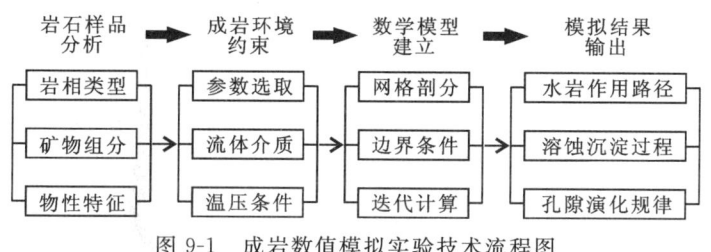

图 9-1　成岩数值模拟实验技术流程图

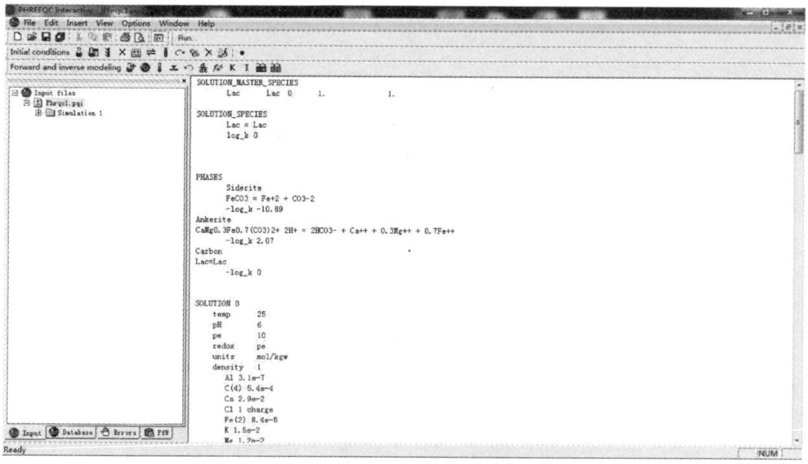

图 9-2　PHREEQC 模拟软件运行界面

二、实验教学计划

选取某工区实际砂岩储层样品,进行典型成岩作用现象分析,基于实际成岩环境约束下,运用 TOUGHREACT 与 PHREEQC 数值模拟软件开展数值模拟实验。具体包括以下几部分。

(1)网格剖分:砂岩储层剖分为多个网格,X 方向长度为 100m,代表单砂体展布宽度,剖分 1000 个网格;Y 方向长度为 10m,剖分为 10 个网格,代表单砂体厚度。最左侧网格为流体注入网格,对左侧网格进行加密设计,目的是更好地监测成岩流体注入后溶质的迁移路径。

(2)模拟参数选取:砂岩网格的物性参数、矿物组成根据研究区储层进行确定;注入水的流体组分、地层温度和压力根据实际成岩环境约束下的流体性质、古温度和古压力进行确定。各成岩矿物热力学与动力学参数选取合适数据库进行厘定。

(3)模型运行:开展多种地球化学条件(不同温度压力与流体组分)的成岩矿物的热力学、动力学特征以及溶质迁移过程模拟,观察成岩矿物胶结与溶蚀过程中的溶质迁移路径,分析矿物胶结与溶蚀的主控因素(图 9-3)。

(4)编写实验报告:对数值模拟实验过程中的现象、结果进行充分讨论,讨论典型成岩矿物溶蚀与胶结过程及其主控因素。进一步说明实际储层成岩现象与数值模拟结果的异同点,尝试理解实际储层成岩矿物的时空分布规律复杂性及其原因,按小组编写实验报告。

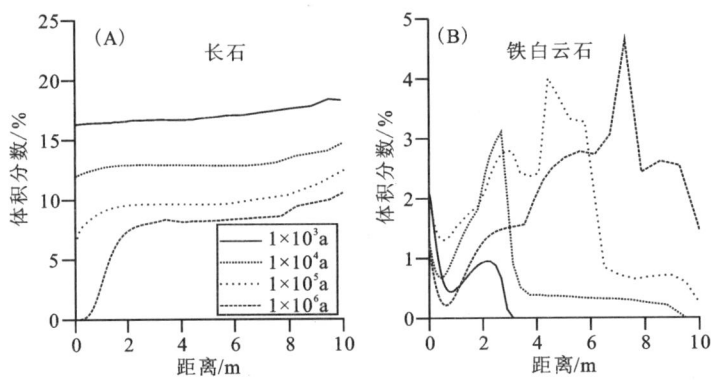

图 9-3 成岩数值模拟实验中对比不同模拟时间长石(A)与铁白云石(B)体积分数变化

实习十 沉积储层实验室设备仪器简介

随着油气勘探由浅层向深层-超深层拓展,需要开展宏观与微观储层测试分析以满足实际需求。结合我校构造与油气资源教育部重点实验室相关重大仪器与设备,对各仪器设备作简要介绍。

1. 扫描电镜与能谱分析仪

扫描电子显微镜(SEM)具有成像直观、分辨率高、景深长、立体感好、样品制备简单等特点,它已成为微束分析测试仪器家族中的重要成员,是自然科学研究领域样品微观特征研究必不可少的观测工具,在地质科学研究领域里也已逐渐得到了广泛的应用。新型扫描电子显微镜,可加载多个附件设备,包括背散射电子探头(BSE)、X射线能谱仪(EDS)、背散射电子衍射仪(EBSD)、阴极荧光谱仪(CL)等,使其检测分析能力得到多方面的扩展和提升,除获得样品的形貌信息外,还可对样品进行显微成分、晶体结构特征、阴极荧光谱和图像、背散射图像等分析。例如,运用CL技术开展锆石的内部结构和成因分析,有效解决了锆石结晶生长阶段判定等问题,为微区U-Pb年龄测定和数据结果解释提供了重要依据,极大地促进了锆石年代学的发展。利用EBSD技术能快速、准确、系统地编制矿物组构图,确定岩石的流变机制和运动学方向,以推测岩石形成条件和变形机制,为板块汇聚边界的地质研究提供佐证(图10-1)。

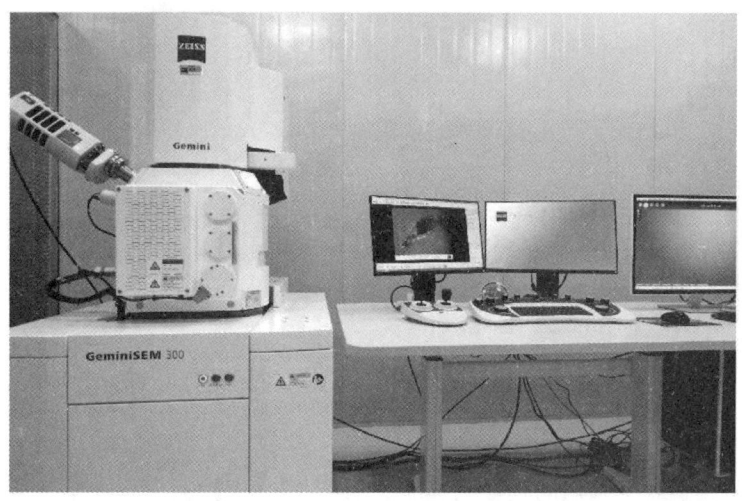

图 10-1 扫描电镜与能谱分析仪

2. 激光共聚焦显微镜仪器

1) 该仪器(图 10-2)的技术指标

(1) 采用棱镜分光,透光率远高于光栅分光。光谱式检测器,可在 430～750nm 范围内任意选择检测波长,适用于任何荧光染料和自发荧光的检测及光谱扫描,检测灵敏度高。

(2) 放大倍率 1x～58x,增益 0.1,可获得分辨率高达 2048×2048 的高清晰度的真正共聚焦图像。

(3) 配备 488nm、532nm、635nm 大功率低噪声固态激光,AOTF 调节激光输出功率,0～100% 连续可调。

(4) 采用 R9624PMT,高灵敏度,高动态范围,低暗电流。

(5) EL6000 外置荧光光源,5 档荧光光强调节,可采集多至 8 个荧光通道的图像,并配备 1 个透射光通道。

(6) 共聚焦专用物镜,采用 ACS 校正技术,无需额外透镜即可完美校正紫外光成像引起的焦平面位移,覆盖 400～800nm 整个光谱范围,共定位分析更为准确。

(7) 高精度 Z 轴步进马达(SuperZ),移行范围 $250\mu m$,分辨率 10nm,满足快速 3D 成像需要。

(8) 使用 LASAF 软件平台。

2) 主要功能及应用领域

(1) 医学领域,活细胞的三维荧光成像,细胞结构测试。

(2) 地学领域,固定样品三维荧光成像,测定油包裹体的体积,以及气相和液相比例。

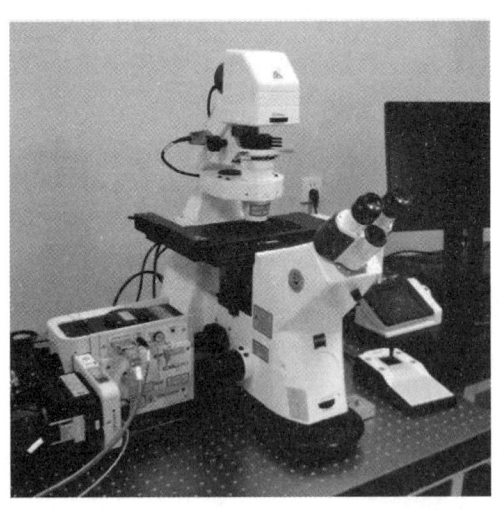

图 10-2 激光共聚焦显微镜仪器

3. 流体包裹体显微分析系统

流体包裹体岩相学观察采用的仪器为 Nikon80I 多通道显微镜。测试流体包裹体的均一温度和冰点温度采用 Linkam-THMSG600 冷热台,流体包裹体的盐度根据冰点温度计算获得。冷热台经校正后显微测温误差为 ±0.1℃ ,测温过程中升温速率控制在 0.1～5.0 ℃/min(图 10-3)。

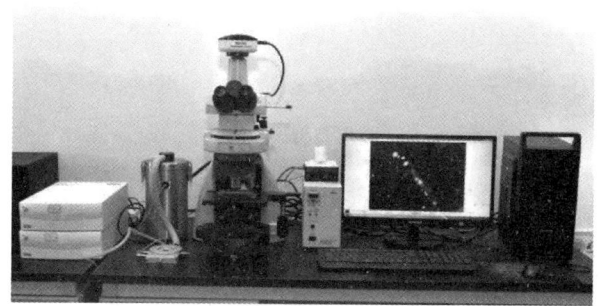

图 10-3 流体包裹体显微分析系统

4. 覆压孔渗分析仪

1）AP-608 覆压孔隙度渗透率仪的主要技术指标包括高压孔隙度渗透率测试系统、自动控制及数据采集系统（软件、计算机），主要技术指标包括以下几项。

(1) 围压：500～9500 psi（3.45～65.5MPa），哈斯勒式/水静压加载。
(2) 孔隙压力：渗透率脉冲压力 100～250 psi（0.67～1.72MPa）。
(3) 孔隙度测量压力：200 psi（1.38MPa）。
(4) 岩芯尺寸：直径 3.8cm 和 2.5cm，长度范围在 2.5～10cm。
(5) 渗透率测量范围：0.001～10 000 mD。
(6) 孔隙度测量范围：0～40%以上。
(7) 测量精度：0.1%。

2）主要功能

该仪器用于准确快速测定储油气岩石的孔隙度、渗透率，为储层评价、油气藏储量计算提供必需的基础资料，为油气藏流体渗流理论的基础研发提供分析测试手段（图 10-4）。该仪器可测试其他多孔介质的孔隙度、渗透率。该仪器主要服务于石油工程、资源勘查工程、能源地质工程、海洋地质、煤田地质、水文地质与工程、环境科学与工程等学科。

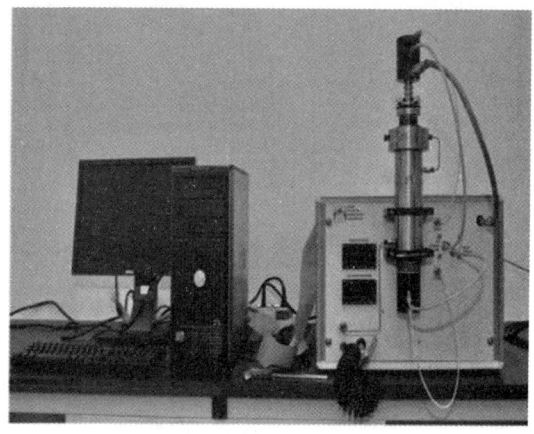

图 10-4 覆压孔渗分析仪

5. 高压孔隙结构仪(高压压汞仪)

该仪器可测量的压力范围:0.2~60 000psi(413MPa);孔喉测量范围:800μm~3 nm。

该仪器可用于页岩样品、煤岩样品或致密岩芯样品的真密度、孔隙度、表面积和渗透率评价,表征从纳米到微米尺度的孔径分布特征。同时可以获得挠曲度、分形维数等拓扑学参数。该仪器可测试耐热材料、树脂、颜料、炭黑、催化剂、织物、皮革、吸附剂、药物、薄膜、过滤器、陶瓷、纸、燃料电池材料和其他多孔材料的孔隙度大小及分布(图10-5)。

6. XRF手持元素分析仪

手持式矿石元素分析仪由主机XL3t 950进行分析测试,具有多种功能、多种测量模式,可根据矿物勘探、开采、生产等过程的需要灵活选择。对于各类样品,利用微型X射线管、Ag靶最大值为50kV/200μA,激发样品中所含重金属元素,通过高性能SDD探测器接收X射线,判断元素类型及其含量;该仪器具有小点分析功能(可选),可将测量范围精确至3mm,对微小样品或微小矿化区域进行分析;具有彩色摄像功能(可选),用户可观察、定位、拍照分析部位,并将分析结果进行存储,以备后续查看。

该仪器可以直接测试矿石、土壤、岩芯等各种状态的样品(液体样品除外),还可用于包括勘探找矿领域(化探、填图、品位控制等)、选矿(同时多元素分析,不漏矿)、矿产评估领域(圈定矿体等)等在内的矿产勘查领域,同时在环保监测领域(土壤污染等)、贵金属评估领域、宝石鉴定领域、古董收藏领域也有一定应用(图10-6)。

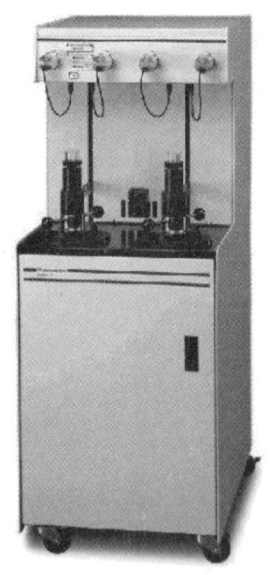
图10-5 高压孔隙结构仪

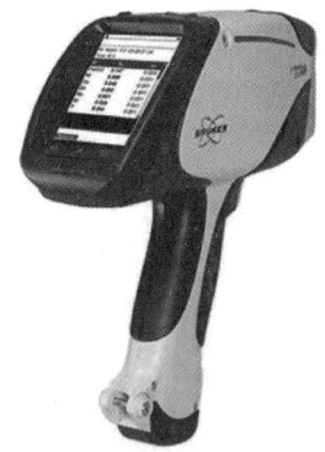
图10-6 XRF手持元素分析仪

7. 稳定同位素质谱仪

MAT253稳定同位素质谱仪通过与气相色谱仪(GC)、元素分析仪(EA)、GasBenchⅡ多用途在线气体制备与导入系统、红外激光烧蚀系统等辅助设备的联用,可全面实现石油、天然气、岩石矿物、沉积物、植物、水体等各种样品的碳、氢、氧、氮等稳定同位素组成分析,可为资源、环境、海洋、气候、行星科学等领域原创性的科学研究工作提供实验平台(图10-7),主要包括以下几类。

图 10-7 稳定同位素质谱仪

(1)石油、天然气及烃源岩样品中单个化合物的 $^{13}C/^{12}C$、D/H、$^{15}N/^{14}N$ 测定。
(2)沉积物、土壤、植物样品中的 $^{13}C/^{12}C$、$^{15}N/^{14}N$ 的测定。
(3)岩石矿物全岩、微区原位 $^{13}C/^{12}C$、$^{18}O/^{16}O$ 的测定。
(4)水样中 D/H、$^{18}O/^{16}O$ 的测定。

8. 高温高压核磁共振分析成像系统

高温高压核磁共振成像分析系统是一种用于地球科学、矿山工程技术领域的分析仪。通过核磁共振 T2 谱 T2-D 二维成像,可以静态分析岩芯结构,也可以实现实时高温高压驱替状的核磁共振技术的在线测试,再通过对灰度图像的降噪、伪彩化处理,提高图像的可视性,再结合 T2 谱 T2-D 的定量分析,得到岩石的结构特征(图10-8)。

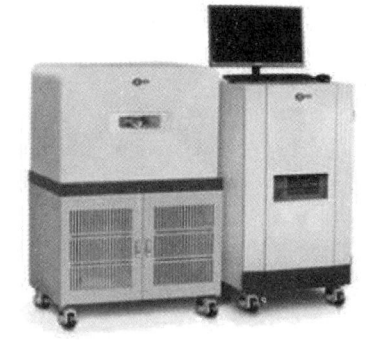

图 10-8 高温高压核磁共振分析成像系统

9. 高分辨三维 X 射线显微镜多场耦合原位分析系统

随着非常规及深层油气勘探开发的深入,针对高温高压条件下的测试需求也是越来越多。高分辨三维 X 射线显微镜(CT)扫描技术可三维重构岩芯内部孔喉结构,在岩石连通性表征方面具有显著优势,从定性描述发展到定量计算,对油气运移特征研究具有重要意义(图10-9)。面向能源资源重大战略需求,广泛用于定量表征油气和地热储层原位微米到纳米微观结构。结合多场耦合原位装置可以实现热流固化(THMC)4 维分析流体与岩石相互作用、压裂裂缝扩展过程、能源流体的流动规律,主要服务油气和地热的高效勘探开发。

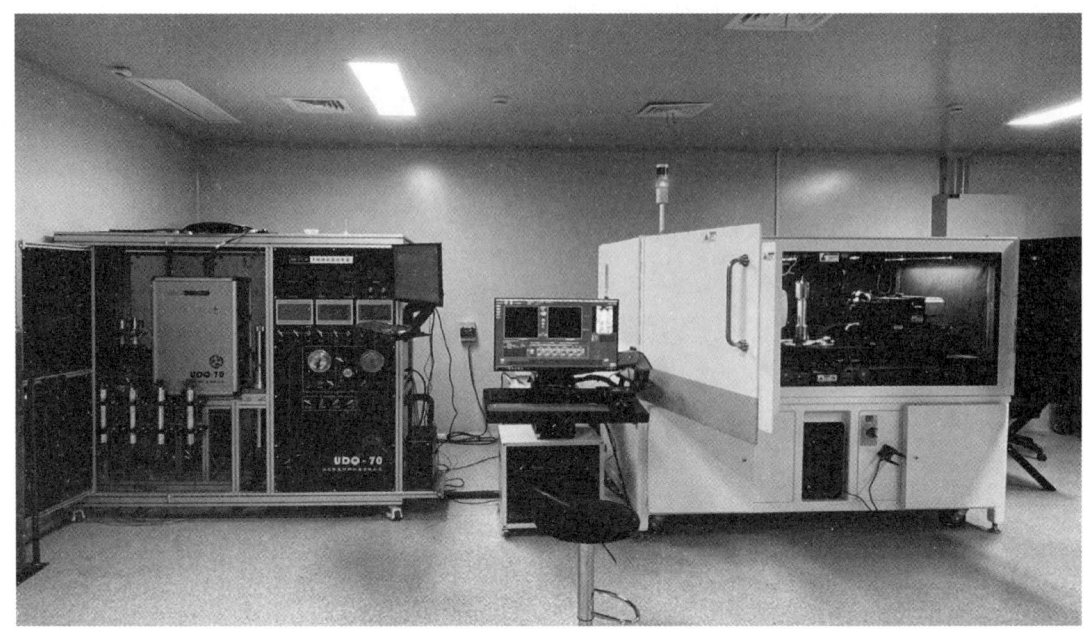

图 10-9　高分辨三维 X 射线显微镜多场耦合原位分析系统

附录一 碎屑岩结构

1. 肉眼估计的颗粒百分含量

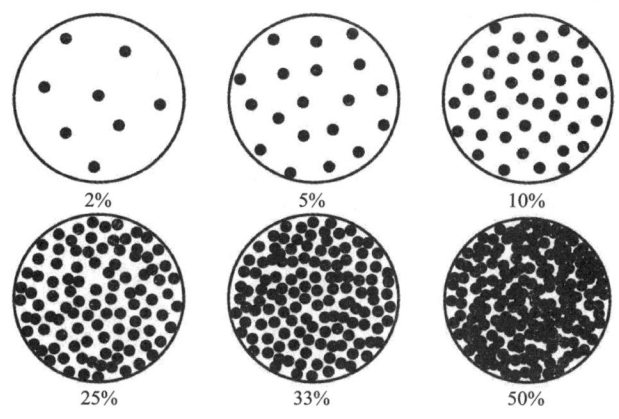

2. 肉眼估计的颗粒大小、分选及磨圆

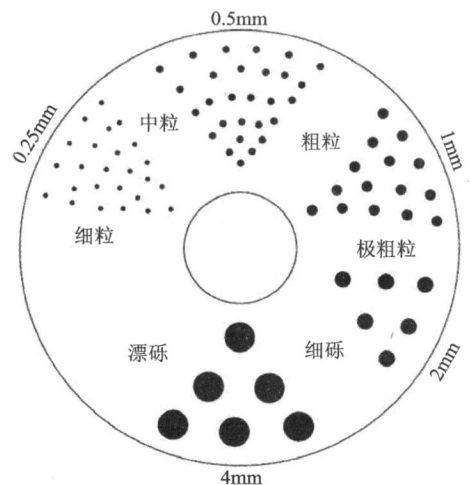

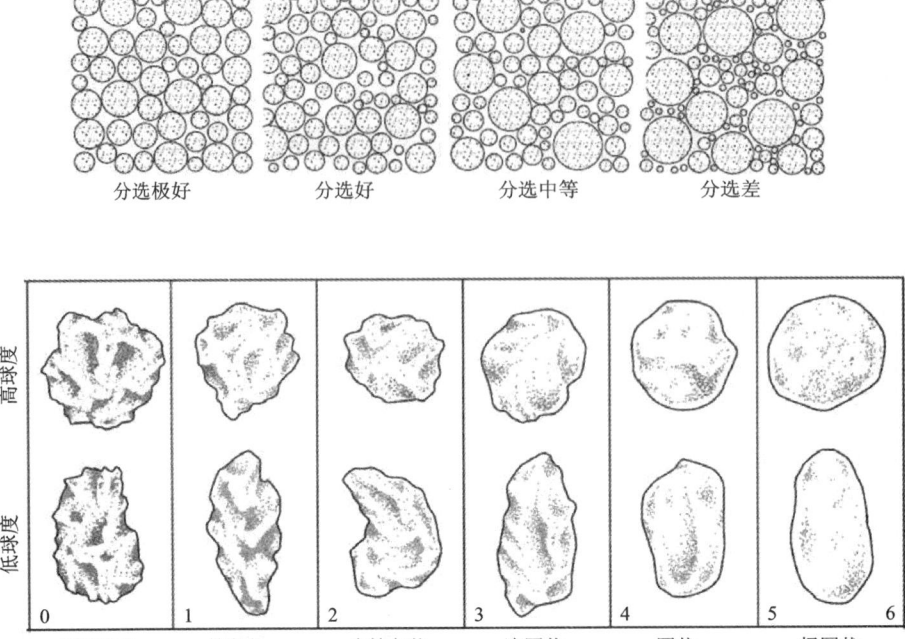

3. 碎屑岩颗粒大小分类及描述术语

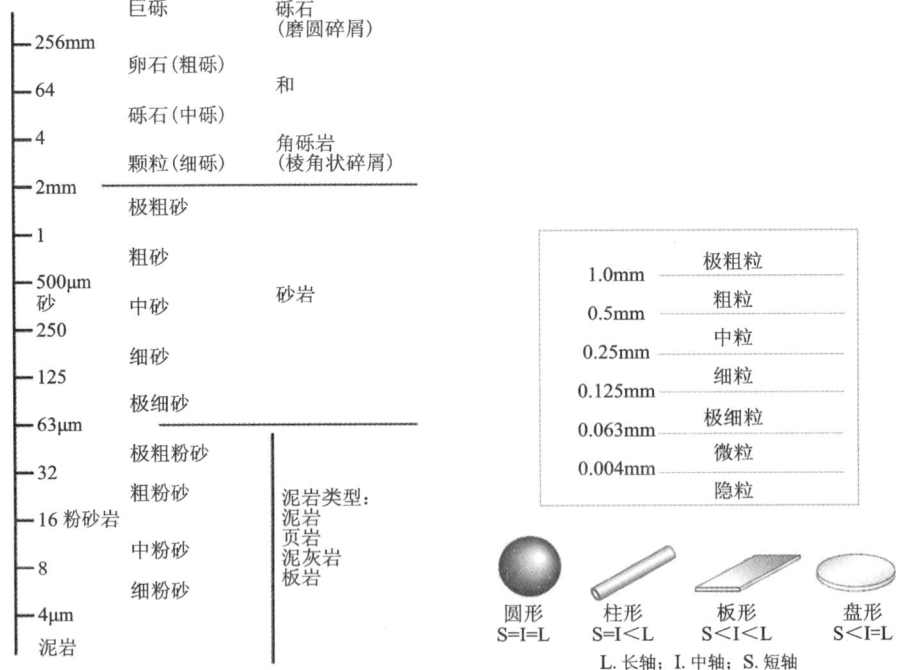

4. 颗粒的分选和支撑类型

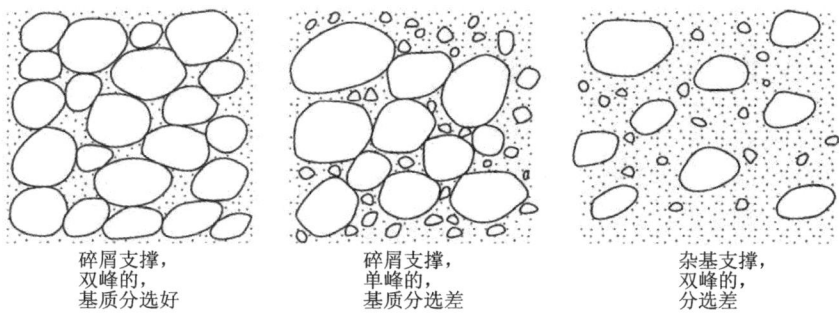

碎屑支撑，
双峰的，
基质分选好

碎屑支撑，
单峰的，
基质分选差

杂基支撑，
双峰的，
分选差

5. 层理的厚度和纹层类型

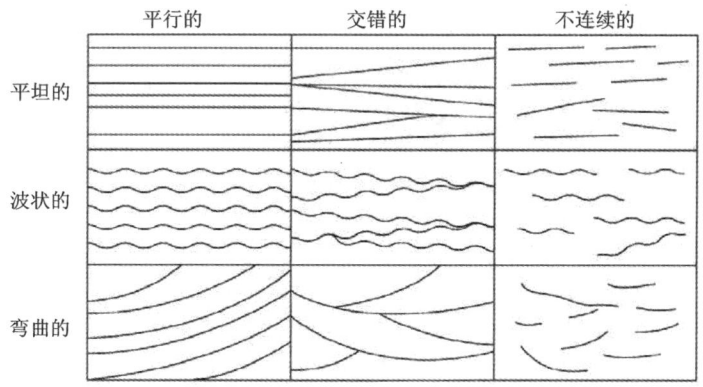

附录二 典型沉积构造照片

一、碎屑岩

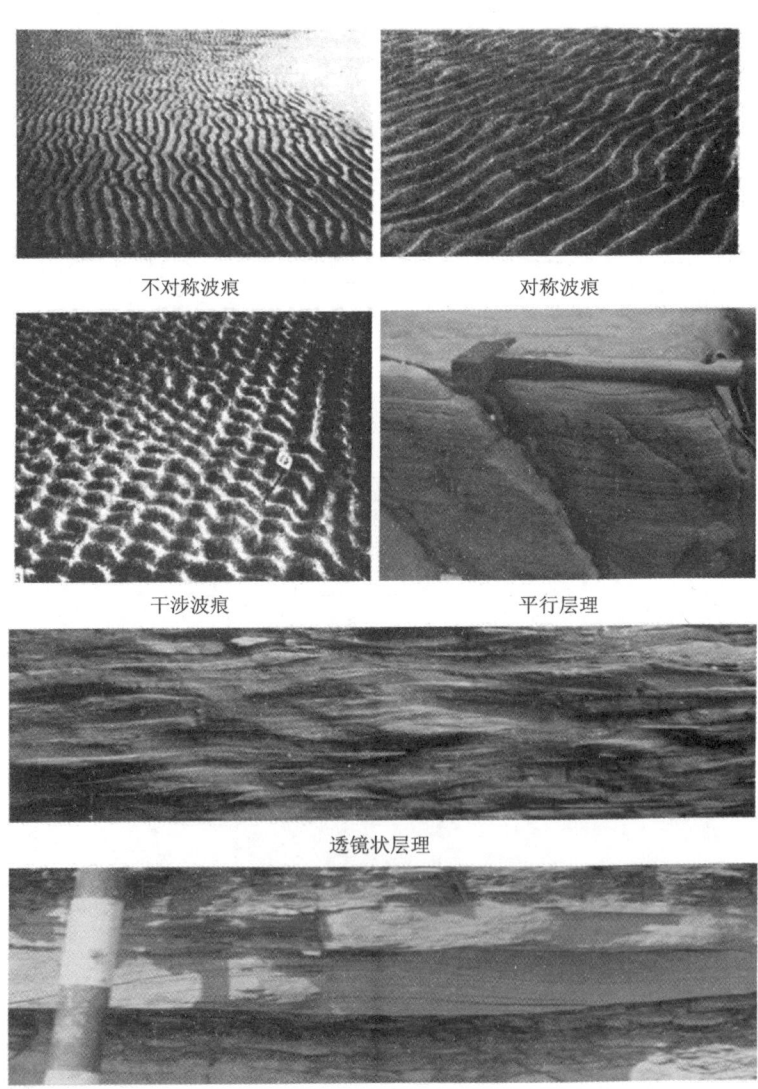

不对称波痕　　　　　对称波痕

干涉波痕　　　　　平行层理

透镜状层理

丘状交错层理

附录二 典型沉积构造照片

板状交错层理

大型楔状交错层理

大型槽状交错层理

爬升（或攀升）交错层理

反粒序层理（高流态）

波状交错层理

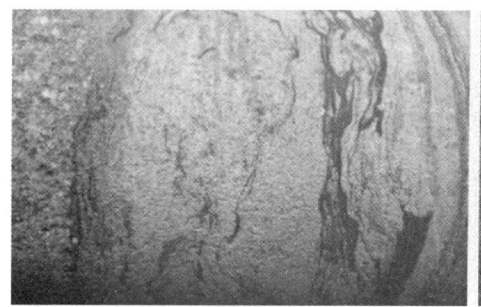
滑塌变形层理

风成交错层理

· 67 ·

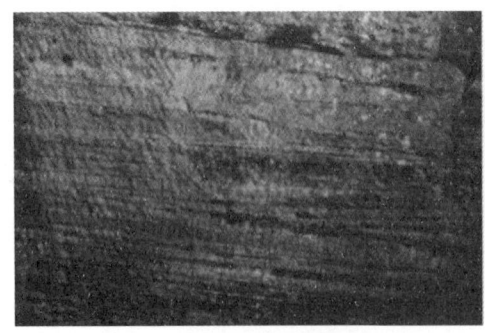
滨岸低角度交错层理

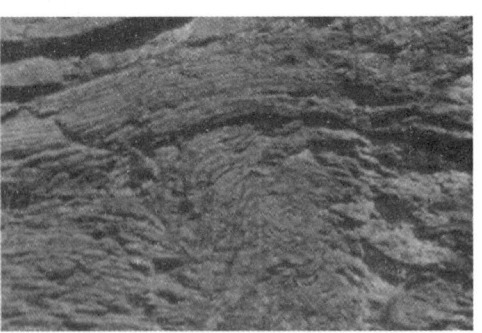
深水滑动褶皱构造

海滩冲洗交错层理

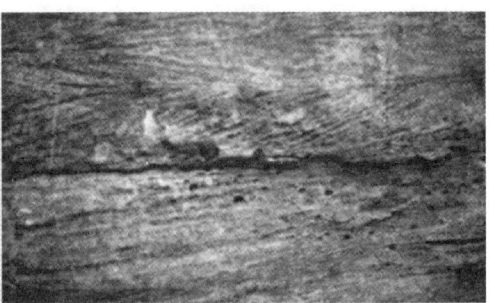
双向（羽状）交错层理

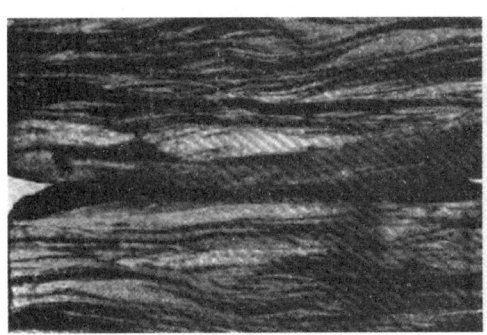
脉状层理

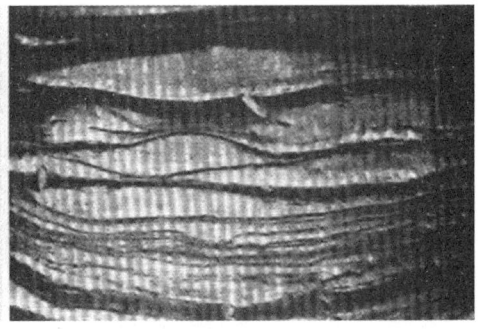
透镜状层理

浊积岩层底部的槽模

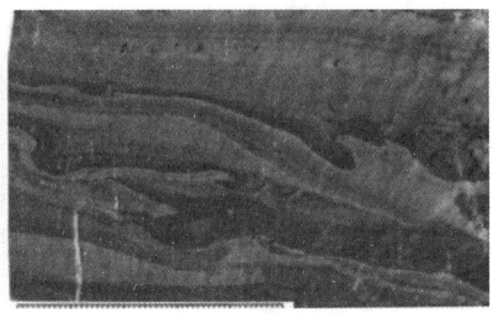
火焰状构造（快速沉积和脱水）

附录二 典型沉积构造照片

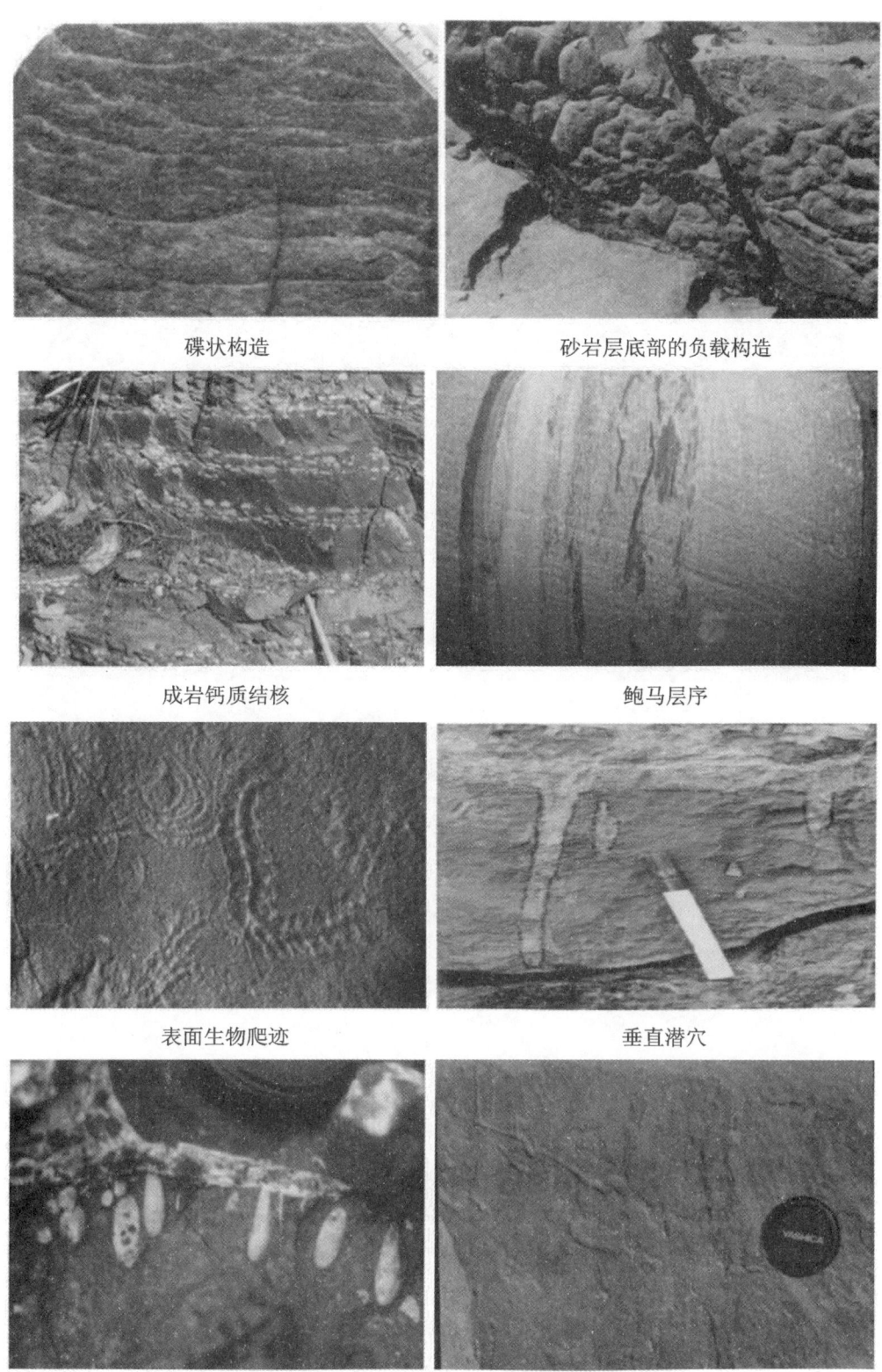

碟状构造　　　　　　　　砂岩层底部的负载构造

成岩钙质结核　　　　　　鲍马层序

表面生物爬迹　　　　　　垂直潜穴

生物钻孔　　　　　　　　水平潜穴

二、碳酸盐岩

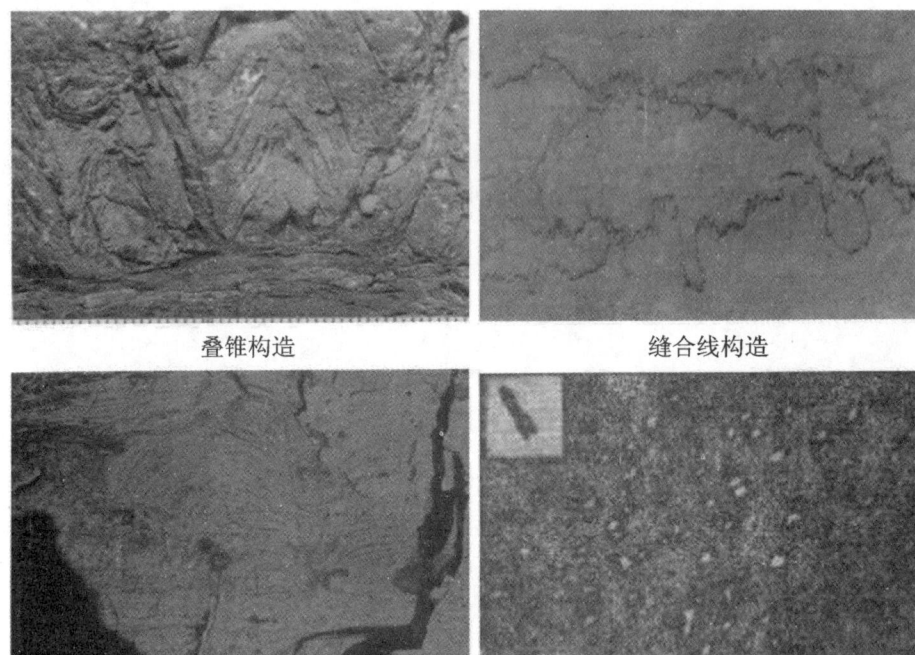

叠锥构造　　　　　　　　缝合线构造

叠层石构造　　　　　　　　鸟眼构造

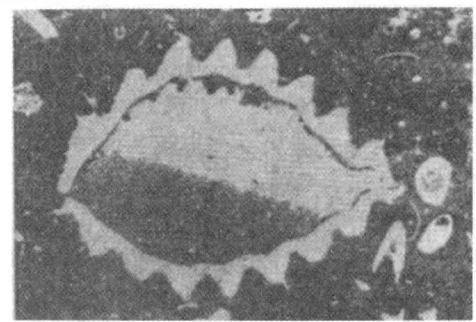

示底构造

附录三 碳酸盐岩结构

1. 碳酸盐岩的颗粒含量肉眼估计

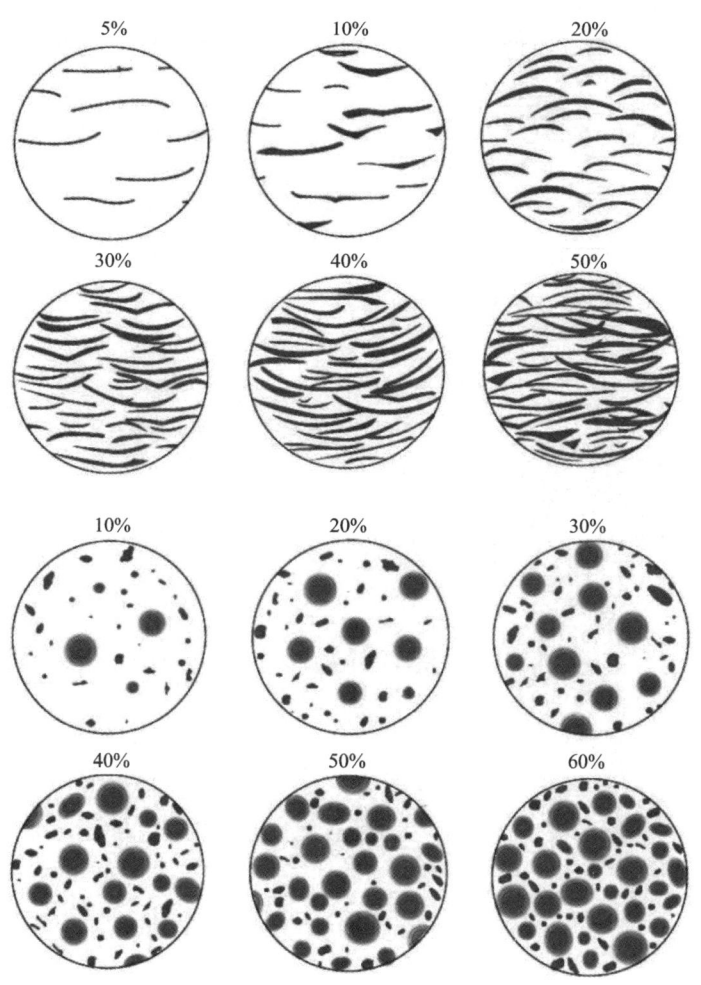

2. 碳酸盐岩的颗粒大小描述

	搬运组分	自生组分	
64mm	很粗粒粒屑灰岩	极粗晶	
16mm	粗粒粒屑灰岩		
4mm	中粒粒屑灰岩	非常大的粗晶	4mm
1mm	细粒粒屑灰岩		1mm
0.5mm	粗粒砂屑灰岩	粗晶	
0.25mm	中粒砂屑灰岩		0.25mm
0.125mm	细粒砂屑灰岩	中晶	
0.062mm	极细粒砂屑灰岩		0.062mm
0.031mm	粗粒泥屑灰岩	细晶	
0.016mm	中粒泥屑灰岩		0.016mm
0.008mm	细粒泥屑灰岩	非常细的细晶	
	极细粒泥屑灰岩	微晶	0.004mm

3. 碳酸盐岩的分类（福克 Folk，1962）

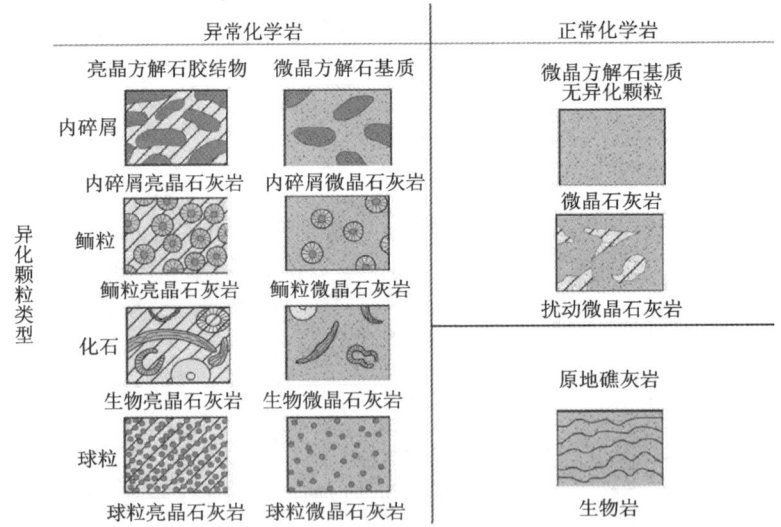

4. 碳酸盐岩的分类（邓哈姆 Dunham，1962）

沉积时原始成分中无生物黏结作用				原始组分被黏结在一起	不可识别的沉积结构	原始组分未被有机质黏结		当沉积时原始成分中有生物黏结作用		
含泥晶			无泥晶			>10%颗粒>2mm		生物起障积作用	生物起捕集和黏结作用	生物建造坚固的格架
泥支撑		颗粒支撑				基质支撑	颗粒支撑，>2mm			
颗粒少于10%	颗粒多于10%				结晶碳酸盐岩					
泥岩 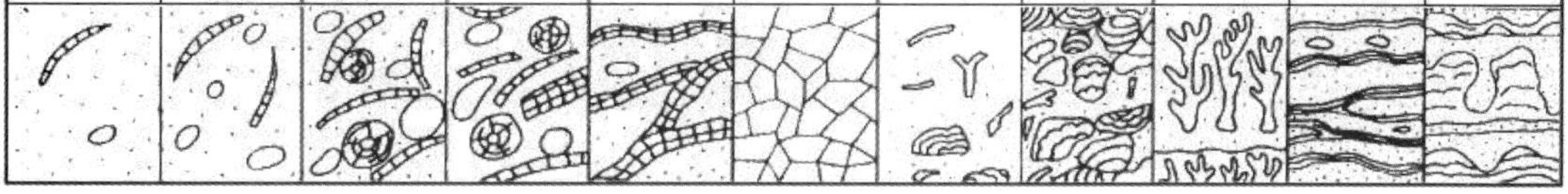	颗粒质泥岩	泥质颗粒岩	颗粒岩	黏结岩	结晶灰岩	漂浮岩	灰砾岩	障积岩	黏结岩	格架岩

5. 碳酸盐岩的显微结构

	灰泥基质>2/3				灰泥-亮晶	亮晶胶结物>2/3		
异化颗粒百分比	0~1%	1%~10%	10%~50%	>50%		分选差	分选好	磨圆-磨蚀
岩石名称	微晶石灰岩及扰动微晶石灰岩	含化石的微晶石灰岩	缺少的生物微晶石灰岩	密集的生物微晶石灰岩	冲洗差的微晶石灰岩	未分选的生物亮晶石灰岩	分选的生物亮晶石灰岩	磨圆的生物亮晶石灰岩
图示	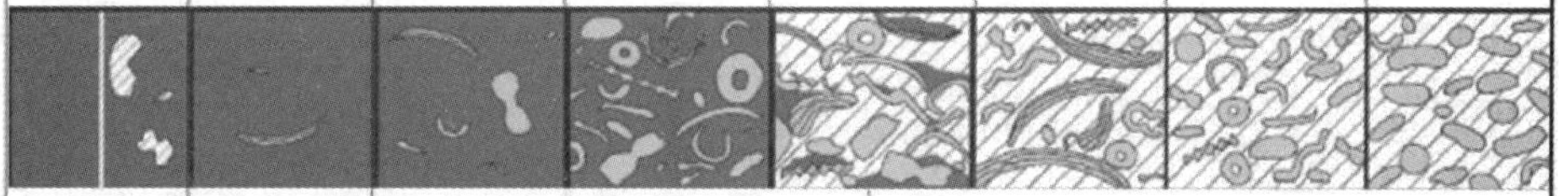							
1959年命名	微晶石灰岩及扰动微晶石灰岩	含化石的微晶石灰岩	生物微晶石灰岩			生物亮晶石灰岩		
类似的碎屑岩	黏土岩		砂质黏土岩	黏土质或不成熟砂岩		次成熟砂岩	成熟砂岩	极成熟砂岩

6. 碳酸盐岩的孔隙类型

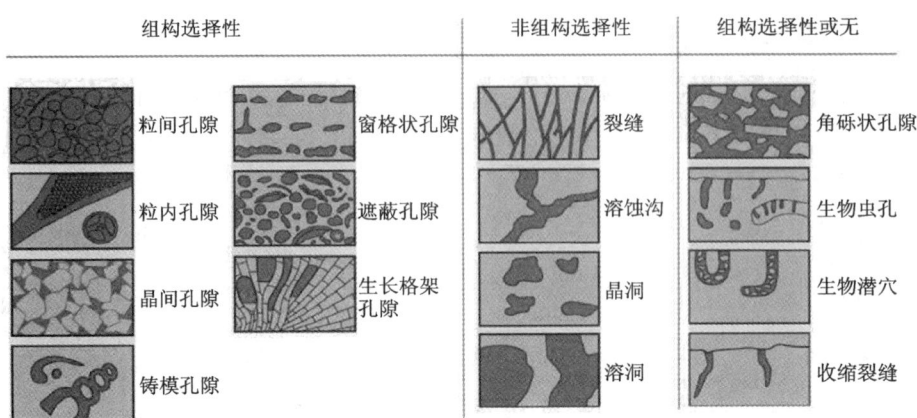

附录四 典型薄片镜下照片

一、碎屑岩

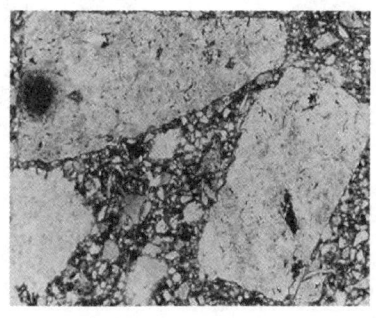

砾岩基质的含斑性（跃级颗粒）
（单偏光，×4）

砾岩基质（正交偏光，×4）

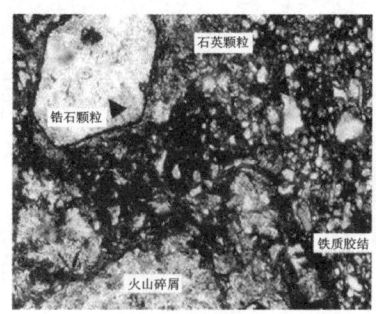

岩屑石英砂岩（单偏光，×4）

岩屑长石石英砂岩（正交偏光，×4）

石英砂岩（单偏光，×4）

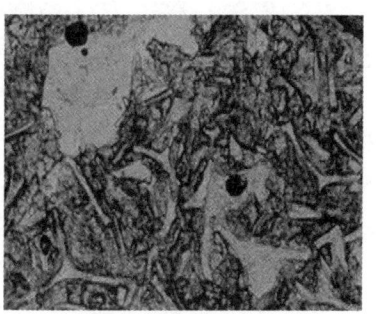

塑性岩屑（单偏光，×10）

 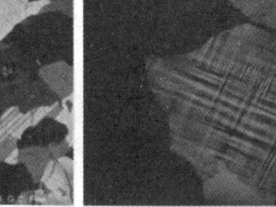 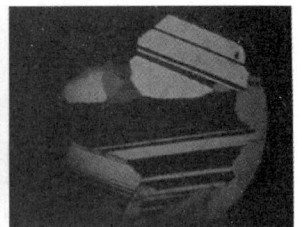

斜长石和微斜长石　　　　钾长石　　　　　　斜长石

二、火山碎屑岩

长石砂岩　　　　　　　　凝灰岩

 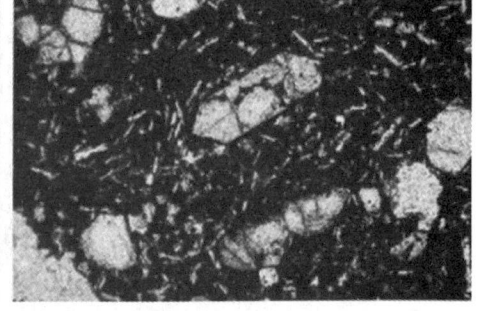

花岗岩　　　　　　　　　玄武岩

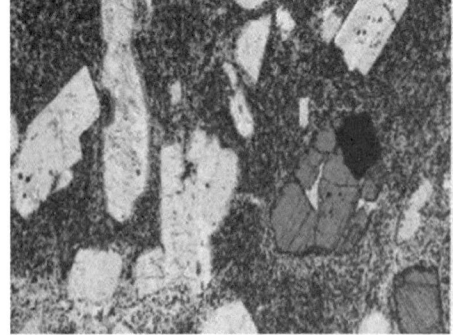 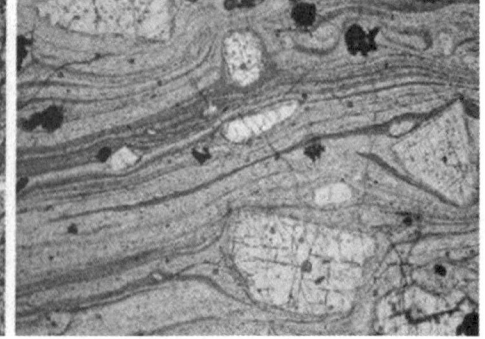

安山岩　　　　　　　　　流纹岩

石英岩　　　　　　　　千枚岩

三、岩浆岩和变质岩

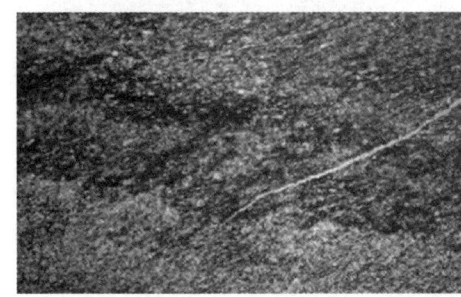

板岩　　　　　　　　片岩

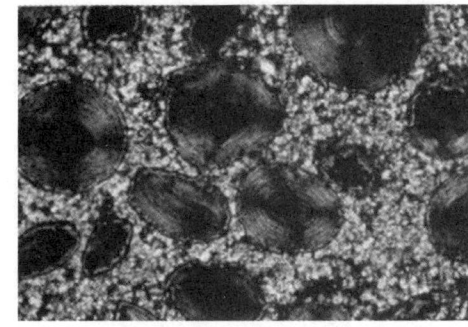

鲕状绿泥石（正交光，5×4）　　　玉髓碎屑（正交光，5×10）

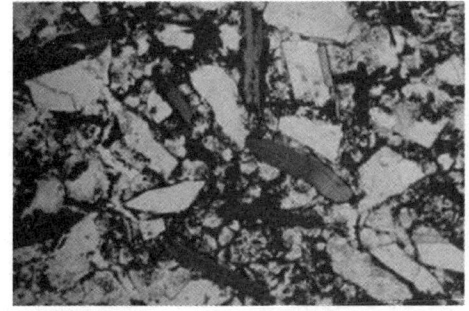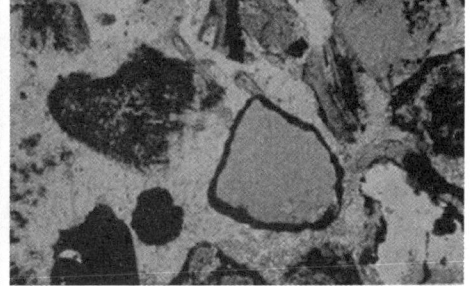

黑云母碎片（单偏光，5×20）　　　粒状绿泥石（单偏光，5×20）

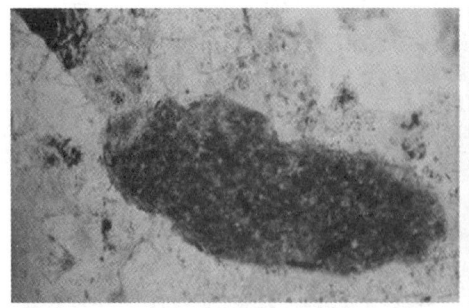 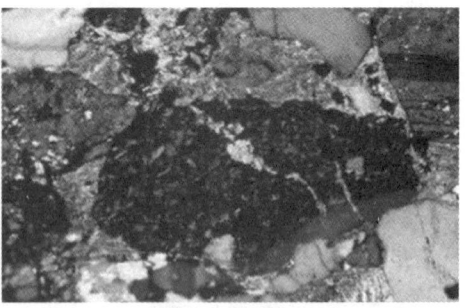

黏土岩岩屑（单偏光，5×20）　　中基性火山岩岩屑（正交光，5×20）

四、碳酸盐岩

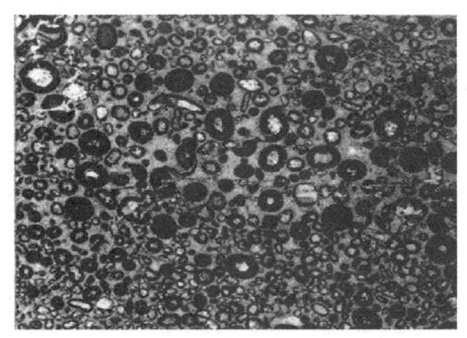 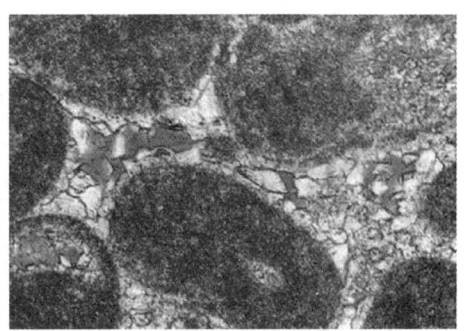

鲕粒灰岩　　　　　　　　　　鲕粒云岩

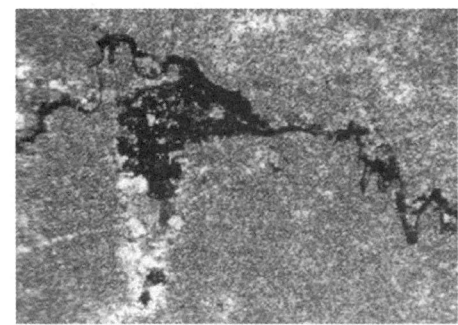 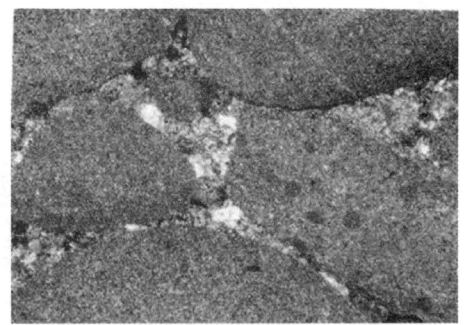

泥晶灰岩（缝合线内含油）　　　砾屑灰岩

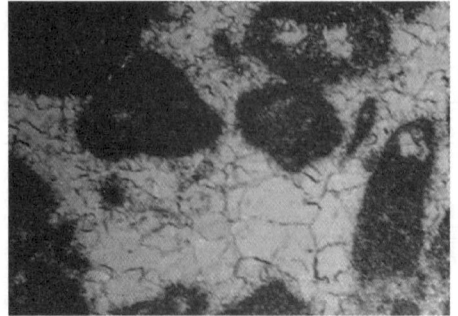 

亮晶砂屑灰岩　　　　　　　　生物屑灰岩

附录四　典型薄片镜下照片

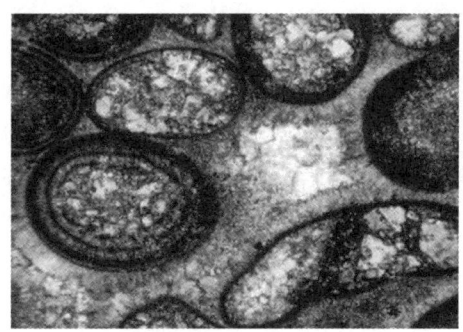

亮晶鲕粒灰岩

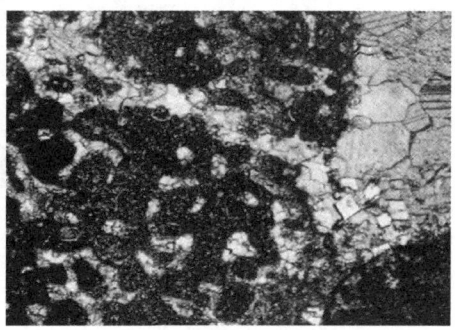

海绵骨架礁灰岩

附录五 沉积相编图图例

1. 岩性图例

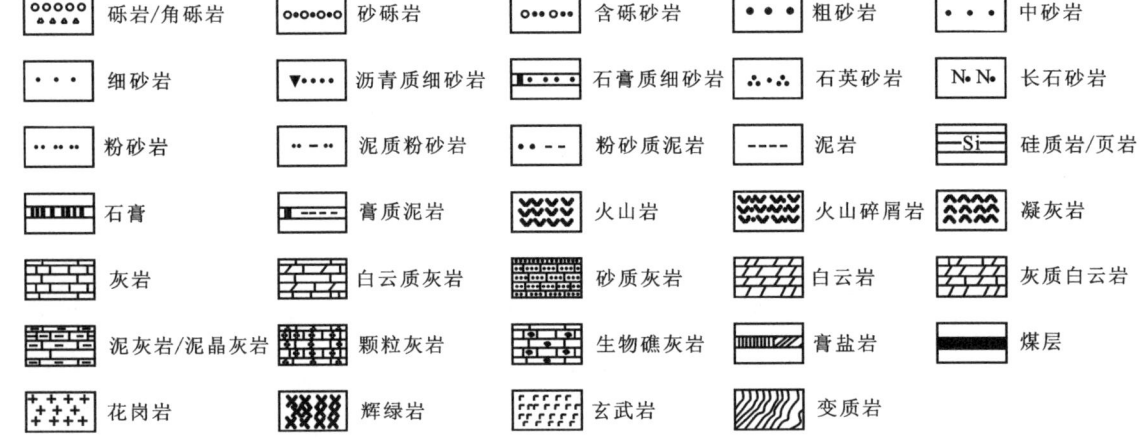

2. 沉积构造图例

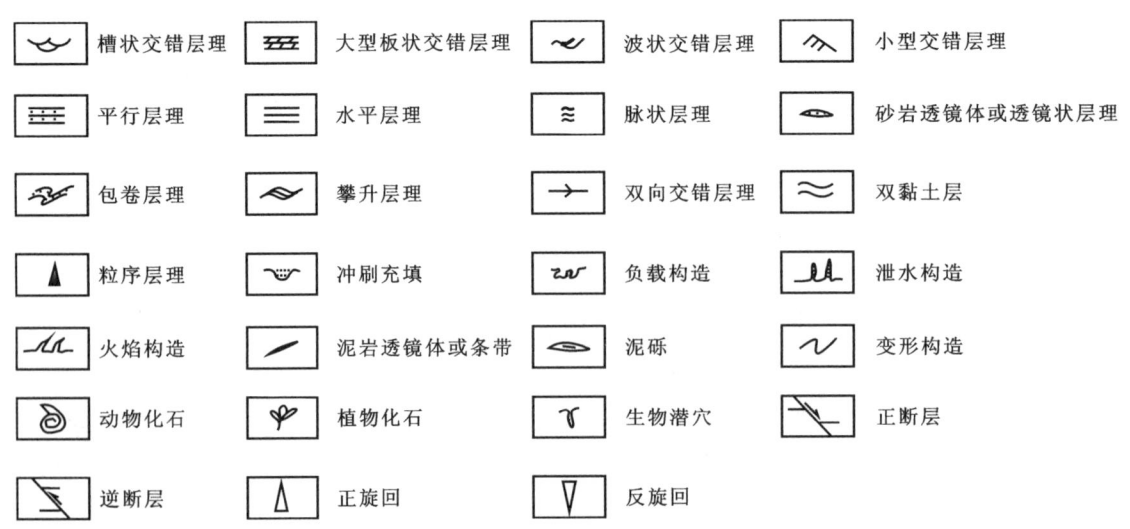

3. 沉积相图例

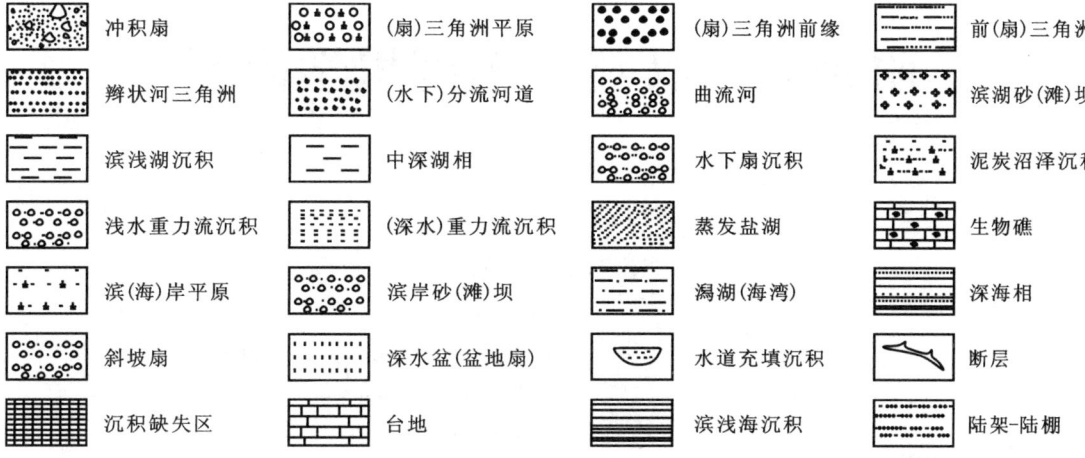

附录六 汉英基础沉积学词汇

(按汉语拼音顺序)

A

埃洛石 halloysite
岸礁 coastal reef/shore reef
凹岸 concave bank/outer bank
凹陷 depression/sag
坳陷湖泊 down-warped lake
拗拉谷/裂陷槽 aulacogen

B

白垩 chalk
白云母 muscovite
白云岩 dolostone/dolomitite
白云岩化作用 dolomitization
斑点构造 mottled structure
斑礁 patch reef
斑脱岩 bentonite
搬运介质 transporting media
搬运作用 transportation
板状交错层理 tabular cross bedding
半深海 hemipelagic
半深海相 bathyal facies
包卷层理 convolute lamination
堡礁(障壁礁) barrier reef
抱球虫软泥 globigerina ooze
鲍(包)马序列 Bouma sequence

暴露构造 exposed structure
北海 north sea
贝壳 shells
被动大陆边缘 passive continental margin
边滩(点沙坝) point bar
边缘海 marginal sea/precontinental sea
辫状河道 braided stream/braided channel
辫状河流 braided river/braided stream
辫状河三角洲 braid delta
标型矿物 index minerals
标志层 key bed
标准偏差 standard deviation
标准相模式 standard facies belts
表面痕迹 surface marks
表面结构 surface texture
表皮鲕 superficial oolith
表生成岩作用 epidiagenesis
表生作用 epigenesis
滨海平原 strand plain
滨海相 littoral facies
滨面 shoreface
滨外 offshore
滨线 shoreline
冰雹痕(雹痕) hailstone imprint/hail print
冰川 glacier
冰川相 glacial facies
冰海沉积物 glacier-marine sediment
冰海环境 glaciomarine environment

冰湖 moraine lake/ice lake
冰碛(沉积)物 till
冰碛相 moraine facies
冰碛岩 tillite
冰水沉积 outwash
波长 wave length
波峰 wave crest
波高 wave height
波谷 wave hollow
波痕 ripple mark
波痕对称指数 ripple symmetrical index(RSI)
波痕指数 ripple index(RI)
波浪波痕交错层理 wave-generated crossbedding
波浪-潮汐混合海岸
　　　mixed wave-tide influenced shoreline
波状层理 wave bedding/wavy bedding
波状交错层理 ripple bedding
玻屑 glass fragments
剥离线理 parting lineation
不等粒 inequigranular
不对称波痕 asymmetrical ripple
不对称浪成波痕 asymmetrical wave ripple
不整合 unconformity

C

残积相 eluvial facies
残留沉积物 relic sediment
槽痕 flute
槽模 flute casts
槽铸型 flute imprints
槽状交错层理 trough cross bedding
侧向沉积作用 lateral sedimentation
测井沉积学 well-logging sedimentology
测井相 electrofacies/log facies
层 bed
层理 bedding
层理构造 bedding structure
层理面 bedding surfaces
层流 laminar flow
层面构造 bedding plane structures
层系(单层) bed/set
层系组(层组) bedset/coset/formset
层序 sequence
层序地层学 sequence stratigraphy
长石 feldspar
长石砂屑岩 arkosic arenite
长石砂岩 feldspar sandstone/arkose sandstone
长石杂砂岩 feldspathic greywacke
长石质石英砂岩 feldspathic quartz arenite
长石质岩屑砂岩 feldspathic litharenite/
　　　　　　　feldspathic lithic arenite
潮道 tidal channel/tidal inlet
潮间带 intertidal zone
潮间坪 intertidal flat
潮控海岸 tide-dominated shoreline
潮控三角洲 tide-dominated delta/
　　　　　tide-dominate delta
潮流 tidal current
潮坪 tidal flat
潮坪相 tidal flat facies
潮上带 supratidal zone/epilittoral zone
潮上带萨布哈 sebkha
潮汐层理 tidal bedding
潮汐三角洲 tidal delta
潮汐作用 tidal process
潮汐作用为主 tide-dominated
潮下带 subtidal/subtidal zone
尘土或黄土沉积物 dust and loess deposits
沉积标准 sedimentological criteria
沉积地质学 sedimentary geology
沉积动力学 sedimentary dynamics
沉积分异作用 sedimentary differentiation
沉积构造 sedimentary structure
沉积后作用 postdeposition
沉积环境 sedimentary environment

沉积模式 depositional model/sedimentary model
沉积盆地 sedimentary basin
沉积体系 depositional system/sedimentary system
沉积体系域 depositional systems tract/sedimentary systems tract
沉积物 deposits/sediment
沉积物的捕获作用 sediments baffles and trappers
沉积物分布 sediment distribution
沉积物供给 sediment supply
沉积物颗粒 sediment grains
沉积物重力流 sediment gravity flow
沉积相 sedimentary facies
沉积序列 sequence
沉积旋回 sedimentary cycle
沉积学 sedimentology
沉积岩 sedimentary rocks
沉积岩石学 sedimentary petrology
沉积作用 deposition processes
沉降 setting
成分成熟度 compositional maturity/maturity of composition
成岩演化 diagenetic evolution
成岩作用 diagenesis
赤铁矿 hematite
冲积平原 alluvial plain
冲积扇 alluvial fan
冲积扇体系 alluvial fan
冲积相 alluvial facies
冲裂（急浪冲刷） avulsion
冲流 swash
冲流沙坝 swash bar
冲刷充填构造 scour and fill structure
冲刷痕 scour mark
冲刷回流带 zone of swash and backwash
冲洗交错层理 swash cross bedding
冲溢（越）扇 washover fan
储层 reservoir
床沙 bed

床沙形体 bed form
床沙载荷 bed load
垂向加积作用 vertical accretion
戳痕 prod mark
次级水道 secondary channel
次生沉积构造 secondary sedimentary structure
次生加大（增生） overgrowth
次生孔隙 secondary porosity
粗砾 cobble
粗尾递变 coarse-tail grading

D

大波痕 megaripples
大潮 spri/spring tide
大陆边缘 continental margin
大陆环境 continental environment
大陆架（棚） continental shelf
大陆裂谷 continental rift
大陆隆 continental rise
大陆斜坡（陆坡） continental slope
大型交错层理 large sale cross bedding
大洋盆地 ocean basin
大洋中脊 mid-ocean ridge
单层 bed/single bed
单成分砾岩 oligomictic conglomerate
弹跳痕 bounce mark
淡水湖泊 fresh-water lake
岛（弧）—海（沟）体系 arc-trench system
岛 island
岛弧 island are
倒石锥 talus
等深积岩 contourite
等深流 contour current/contourites
低碳酸盐矿物的沉淀 carbonate precipitation
低潮坪 low flat
低流量期 period of low discharge
低流态 lower flow regime/lower regime

低镁方解石 low-magnesian calcite
低密度浊流 low-density turbidity
低弯度河道 low-sinuosity channel
低位体系域 low-stand systems tract
堤岸 bank
堤礁 bank reef
底负载河道 bed load channel
底痕 sole mark
底积层 bottomset
底砾岩 basal conglomerate
底流 bottom current
底面构造 sole structure
底面印痕 bottom imprints
底模 sole cast
底栖生物 benthos
底形 bedforms
地层 strata
地貌单元 morphology
地貌特征 general morphology
地震相 seismic facies
地质记录 geological record
递变（粒序）层理 graded bedding
典型构造 typical structures
典型浊积岩 classic turbidite
点坝（边滩）交错层 channel bar cross-bedding
点礁 pa tch reef/point feef
点沙坝（边滩） point bar
点沙坝沉积 point bar deposits
电测井 electric log
叠层石 stromatolite
叠层石构造 stromatolitic structure
叠石锥 cteepee
叠瓦状构造 imbricated structure
叠瓦状排列 imbricate arrangement
叠锥构造 cone-in-con e structure
碟状构造 dish structure
顶积层 topset
定向（指向）构造 direction structure/oriented structure

豆粒 pisolite
断坳过渡湖泊 transitional lake
断层角砾岩 fault breccia
断陷湖泊 fault lake
对称波痕 symmetrical ripple
对称浪成波痕（对称波浪波痕）
　　symmetrical wave ripple
对称指数 symmetry index
多向水流 polymodal current

E

鲕粒 ooid
鲕绿泥石 chamosite

F

发育条件 conditions
反递变层理 reverse grading bedding
反向粒序（递变）层理 reverse graded bedding
反旋回 coarsening-upwards sequence
泛滥盆地 flood basin
泛滥平原 flood plain
方解石 calcite
方解石补偿深度 calcite compensation depth
非补偿（饥饿）沉积 starved deposition
非鲕粒滩 non-oolitic grain beach
非牛顿流体 non-Newtonian fluid
分类 classification
分流河道（分支流河道） distributary channel
分流河口沙坝 distributary-mouth bar
分流间湾 interdistributary
分选系数 sorting coefficient
分选作用 sorting
分支流河道间 interdistributary area
粉砂 silt
粉砂岩 siltite/siltstone

风 wind
风暴沉积 storm deposit(tempestite)
风暴大潮 storm surge
风暴砂岩 storm sand
风暴岩 tempestite
风成 eolian
风成波痕 wind ripple/aeolian ripple
风成交错层理 wind dune cross bedding
风成沙丘 wind dune/aeolian dune
风成岩 eolianite
风化作用 weathering
风生海流 wind-drift current
风蚀 deflation
峰度 kurtosis
缝合线 stylolites
弗劳德常数 froude number
浮力作用为主 buoyancy-dominated
浮游生物 plankton
俯冲带 subducted zone
腐泥 sapropel
负载（负荷）构造 load structure
负载囊 load pocket
复成分砾岩 polymictic conglomerate
复合层理 complex bedding/composite bedding
复理石 flysch
副砾岩 paraconglomerate
富含沉积物的流体-重力流 dense flow
腹足类 gastropods

G

改造波痕 modified ripple
钙结层 caliche
钙质结核 calcareous nodules
钙质软泥 calcareous oozes
干谷 wadi
干谷沉积物 wadi deposits
干酪根 kerogen
干裂（泥裂） mud cracks
干涉波痕 interfering ripple
干盐湖 playa
高潮面 high-tide flat
高潮线 high-tide line
高岭石 kaolinite
高流态 upper flow regime/upper regime
高镁方解石 high-magnesian calcite
高密度流 high-density current
高弯度河道 high-sinuosity channel
高位体系域 high-stand systems tract
根痕 root marks
根痕和倒"v"形构造 tepees
工具痕 tool mark
沟槽充填交错层理 channel-fill crossbedding
沟模 groove casts
沟铸型 furrow imprint
构造 tectonics
构造成因 tectonics-generated estuary
孤立波痕 isolated ripple
孤立台地 isolated platform
古地理图 paleogeographic map
古地理学 paleogeography
古海洋学 paleo-oceanography
古流向标志 paleocurrent indicator
古流向分析 paleocurrent analysis
古气候 paleoclimate
古气候学 paleoclimatology
古生态学（古生物学） paleoecology
古水流 paleocurrent
古土壤 paleosols
骨（格）架岩 framestone
固着底栖生物 sessile benthos
惯性力作用为主 intertia-domonated
光合作用 photosynthesis
广盐度生物 euryhaline organism
硅化作用 silicification
硅土/二氧化硅 silica

硅藻 diatom
硅质结核 siliceous nodule
硅质软泥 siliceous ooze
硅质碎屑 siliciclastic
硅质碎屑海岸体系 siliciclastic shoreline
硅质碎屑岩岩石学 silisiclastic rocks
硅质岩 siliceous rock
过渡流态 transitional flow regime
过渡环境 transitional environment

H

海（湖）泛面 flooding surface
海（湖）滩 beach
海岸 coast
海岸带 coastal zone
海岸环境 coastal environment
海岸类型 shoreline types
海岸平原 coastal plain
海岸沙丘 coastal dune
海岸线 coast-line
海百合 articulate
海底沉积物 based on bottom sediments
海底扇 submarine fan
海底峡谷 submarine canyon
海沟 trench
海进（侵）体系域 transgressive systems tract
海浪 seawave
海绿石 glauconite
海平面 sea level
海平面变化 sea-level changes
海平面波动 sea-level fluctuation
海平面升降 eustasy
海侵 marine transgression/sea transgression
海侵层序 transgressive sequence
海丘 abyssal hills
海山 sea mount
海滩 beach/sea bank/marine beach

海滩冲刷交错层理 beach cross bedding
海滩脊 beach ridge/ridge of a beach
海退 marine regression/sea regression
海峡型 fjord-type estuary/strait-type
海相 marine facies
海相三角洲 marine delta
海相碎屑体系 marine clastic depositional system
海洋 ocean
海洋环境 marine environment
海洋学 oceanography
海沼沙岭 cheneir
旱谷 arroyo/wadi
旱海岸 arid shoreline
河床（道） channel/stream channel
河床 river bed/stream bed
河床滞留沉积 channel-log deposit/
　　　　　　　channel floor lag
河道 single channel
河道沉积 channel deposits
河道充填沉积 channel-fill deposit
河道沙坝 channel bars
河道滞留沉积 channel lag deposits
河谷 river valley
河控三角洲 fluvial-dominated delta/
　　　　　　river-dominated delta
河控三角洲层序 sequence of river-dominated delta
河口坝 mouth bar
河口湾 distributary mouth bar/
　　　　channel-mouth bar/estuaries/
　　　　estuarine environment
河口湾相 estuarine facies
河流 river/stream
河流沉积 fluvial deposit
河流体系 fluvial system
河流相 fluvial facies
河流作用 riverine processes
河流作用为主 river-dominated
河漫 overbank

河漫滩 alluvial flat/concave flood plain
河漫沼泽 back swamp
核形石 oconlite
褐铁矿 limonite
黑色页岩 black shale
黑云母 biotite
横向沙坝 transverse bar
洪泛盆地 flood plain
洪泛平原沉积 flood plain deposits
洪泛期 flooding period
洪积相 pluvial facies
洪水 flood
洪水水流 flood water deposition
后滨 bach shore
后成（生）作用 katagenesis/anadiage-nesis
后礁 back reef
后生结核 catagenetic nodule
弧背盆地 retro arc basin
弧后盆地 back arc basin
弧间盆地 inter arc basin
弧内盆地 intra-arc basin
弧前盆地 forearc basin
湖泊 lake
湖泊的分带性 geomorphic distribution
湖泊环境 lacustrine environment
湖泊三角洲 lake delta
湖泊体系 lake system
湖泊相 lacustrine facies
湖浪 surface waves
湖流 currents in lake
湖面波动 seiche
湖沼学 limnology
湖震 seiches
滑（动）痕 slide mark
滑动 slide
滑塌构造 slump structure
滑塌角砾岩 slump breccia
滑塌岩 slumps

滑移 slump
化学搬运 chemical transport
化学沉积 chemical deposit
化学成因构造 chemical structure
化学风化 chemical weathering
化学构造 chemical structure
化学作用 chemical processes
环礁 atolls
缓坡台地 ramp platform
黄海 yellow sea
黄铁矿 pyrite
黄土 loess
灰泥（泥晶，微晶）micrite
灰泥岩 mudstone
灰质白云岩 calcareous dolostone
回流 backflow/backwash
汇聚型板块边界 convergent plate boundary
混合白云岩化 dorag dolomitization
混合流 equal flow of river discharge and tide
混合水白云岩 dorag dolomitization
混杂沉积岩 diamicton
混杂堆积物 melange
混载河流 mixed-load channel
活动大陆边缘 active continental margin
火山弹 bomb
火山灰 ash
火山灰流 ash flow
火山活动 volcanism
火山角砾岩 volcanic breccia
火山砾 lapilli
火山碎屑岩 pyroclastic (volcanoclastic) rock
火焰状构造 flame structure

J

机械搬运 mechanical transportation
机械沉积 mechanical deposition
机械分异原理 mechanic differentiation

机械风化 mechanical weathering
鸡笼状构造 chicken wire structure
基质 matrix
吉尔伯特型三角洲 Gilbert-type delta
急流 rapid flow
棘皮动物门 echinoderms
集合粒 aggregate
集块岩 agglomerate
季候泥 oarve
季节河 seasonal river
加积 accretion /aggradation
加积扇 aggrading fan
假角砾岩 pseudobreccia
假结核 pseudonodule
假晶 crystal pseudomoph
假亮晶 pseudospar
尖峰度的 jeptokurtic
剪切 shearing
简单层理 simple bedding
建设性三角洲 constructive delta
交错层理 cross bedding/cross stratifica-tion
交错微层构造 crossed-lamellar structure
交错纹层 cross lamina
胶结物 cement/comment
胶结作用 cementation
胶磷矿 collophane
胶体溶液 colloid solution
礁 reef
礁顶 crest
礁核 reef core
礁后 back reef
礁后相 backreef facies
礁麓堆积 reef talus
礁坪 reef flat
礁前 front reef/reef front
礁前相 forereef facies
礁相 reef facies
礁翼 reef flank

角度不整合 angular unconformity
角砾岩 breccias
结构成熟度 maturity of texture
结核 concretion/nodule
结晶构造 crystallization structure
结晶碳酸盐岩 crystalline carbonate rock
介壳滩 shelly bank
介形虫 ostracods
界面 bounding surfaces
近(临)滨 nearshore
近岸流 near shore current
近滨带 nearshore
进(前)积作用 program
进潮口 tidal inlet
进积扇 programing fan
进食构造 feeding structures
晶面 crystal face
晶体 crystal
晶体印痕 crystal imprint
晶屑 crystal fragments
净砂岩 arenite
静态模式 static model
居住构造 dwelling structure
局限台地 close platform/restricted platform
巨砾 boulder
决口扇 flood-plain splay (crevasse/
　　　　crevasse splay)
均匀层理(块状层理)
　　　homogeneous bedding(massive bedding)
均匀悬浮 uniform suspension

K

开阔海 open sea
开阔台地 open platform
勘测研究阶段 prospecting stage
颗粒 grain/particle
颗粒流 grain flow

颗粒岩 grainstone
颗粒支撑的 particle-supported/grain supported
颗粒质泥岩 wackstone
可容空间 accommodation space
克拉通 craton
克拉通盆地 craton basin
克鲁兹迹 cruziana facies
孔隙（度）pore/porosity
块体流 mass flow
块状层理 massive bedding
块状砂岩 massive sandstone
矿物标准 mineral criteria

L

蓝绿藻 blue-green algae
浪成波痕 wave(wave-generated) ripple
浪成交错层理 wave cross bedding
浪成沙纹层理 wave-ripple bedding
浪基面（波基面）wave base
浪控海岸 wave-dominated shoreline
浪控三角洲 wave-controlled delta/wave-dominated delta
雷诺数 Reynold's Number
冷沙漠 cold desert
离岸（裂）流 rip current
砾 gravel
砾漠 reg/serir
砾漠沉积物 serir deposits
砾屑灰岩 calcirudite
砾屑岩 rudite
砾岩 conglomerate
砾质泥岩或含砾泥岩 pebbly mudstone, conglomeratic mudstone
粒度 grain size
粒度参数 grain size parameter
粒度分布 grain size distribution

粒度概率图 grain-size probability plot
粒度中值 mean diameter of grain（Md）
粒间孔隙度 intergranular porosity
粒屑灰岩/颗粒灰岩 grainstone
粒序（递变）层理 graded bedding
粒序递变 distribution grading
链形波痕 category ripple
亮晶 spar
亮晶方解石 sparry calcite
亮晶灰岩 sparite
裂隙（缝）fracture
临滨 near shore/shoreface
磷灰岩 phosphorite
磷酸盐 phosphates
磷酸盐岩 phosphate rock
菱铁矿 side rite
菱形波痕 rhomboid ripple
流动构造 current structure
流动体制/流态 flow regimes
流痕 rill impression(mark)
流痕（槽痕、冲流痕）flute mark
流速 velocity of flow
流态 flow regime
流体化作用 fiuidization
硫化铁 iron sulfides
硫酸盐 sulphate
漏斗形 funnel shape
陆表海 epeiric sea/epicontinental sea
陆架 shelves
陆架边缘体系域 shelf margin systems tract
陆间裂谷 intercontinental rift
陆隆（陆基/陆麓）continental rise
陆棚 continental shelf
陆棚相 shelf facies
陆相 continental facies/terrestrial facies
陆相碳酸盐岩 terrigenous carbonate/terrigenous carbonate
陆缘海 marginal sea

陆源沉积物 terrigenous sediment
陆源碎屑岩 terrigenous clastic rocks
绿泥石 chlorite/glauconite
卵石质砂岩 pebbly sandstone
螺旋状环流 helical flow

M

脉状层理 flaser bedding
漫流 sheet flow
漫滩沉积 overbank deposit
煤 coal
煤化作用 coalification
蒙脱石 smectite, montmorillonite
锰质结核 manganese nodule
锰质岩 manganese rock
米兰科维奇韵律 Milankovitch rhythms
觅食迹 browsing trace
密度底流 density underflow
密度流 density current
密西西比三角洲 mississippi delta of usa
面状交错层理 planar cross bedding
模式法 model method
磨拉石 molasse
磨圆度（圆度）roundness
母岩 source rock/parent rock
母岩区 provenance/source area

N

内陆盆地 inland basin
内陆棚 inner shelf
内陆萨布哈沉积物 inland sebkha deposits
内碎屑 intraclast
内源沉积 interbasinal deposit
能量带 energy belt
泥 mud

泥板岩 argillite
泥火山 mud volcano/mud cone
泥晶 micrite
泥晶基质与亮晶胶结物 matrix and cement
泥晶套 micrite envelope
泥粒灰岩（泥质颗粒岩）packstone
泥裂 cracks/mud crack
泥流 mud flow
泥石流 debris flow/mud flow
泥石流沉积 debris flow deposit
泥炭沼泽 peat moor/peat swamp
泥岩 mud stone
泥页岩 argillutite
泥质扇 mud fan
泥质岩 mudrock
泥质支撑的 mud supported
逆行沙波（丘）regressive sand wave/antidune
逆行沙丘交错层理 antidune cross bedding
年代地层单位 chronostratigraphic unit
鸟眼构造 birdeye structure/birds-eyes structure
鸟足状三角洲 bird-foot delta
凝灰岩 tuff
凝聚颗粒 aggregate grains
凝块灰岩 thrombolite
凝块石 clot
牛顿流体 Newtonian fluid
牛轭湖 oxbow lake

P

爬迹 crawling trace(tail)
爬升波痕层理（攀升波痕层理）
　　climb ripple(cross) lamination/
　　climbing ripple bedding
爬行 crawling
爬行迹 crawling traces
拍岸浪 surf
泡沫痕 bubble impression/foam impression

喷出构造 ejected structure
盆地 basin
盆内水体作用 basinal processes
盆内岩石 intrabasinal rock
盆外岩石 extrabasinal rock
片流 sheetwash/sheet flow
偏度 skewness(SK)
漂砾 erratic
平底(平坦床沙) plane bed(flat bed)
平顶波痕 flat topped ripple mark
平均海平面 mean sea level(MSL)
平均粒径 mean grain size(MZ)
平均值 mean
平面上 in plane/in plane view
平行层理 parallel bedding
平直河/直形河 straight channel
坡积带 deluvial zone
坡积相 deluvia l facies
坡折点 break point
破坏性三角洲 destructive delta
破浪 breaker
破浪带 breaker zone
剖面上 in profile
葡萄石 grapestones
葡萄状构造 cluster structure
蹼状构造 spreiten

Q

气候 climate
气候带 climate belts
气候流 meteorological current
气泡沙构造 bubble sand structure
迁移型爬升波痕层理
    climbing ripple laminations in-drift/
    climb ripple lamination in-drift
牵引(作用) traction
牵引流 fluid flow/tractive current

前滨 fore shore/foreshore
前积层 forest
前礁 fore reef/forereef
前陆盆地 foreland basin
前三角洲 prodelta
前扇三角洲 pro-fandelta
潜穴 borrowing/burrow
浅海沉积 neriticdeposit (shallow marine deposit)
浅海陆棚 neritic shelf
浅海泥或陆架泥 shelf mud
浅海区 neritic province
浅海相 neritic facies/shallow marine facies
浅湖区 shallow lake area
浅滩 shoal
丘状交错层理 hmmnocky cross bedding
球度 sphericity
球粒 pellet
球粒灰泥 pelletal lim e mud
球枕状构造 ball and pillow structure
球状粒 peloid
球状与枕状构造 ball and pillow structures
曲颈截直 neck cutoff
曲流河(蛇曲河) meandering river/meander
曲流河(蛇曲河)沉积 meandering riverdeposit
曲流河道 meandering stream
渠模 gutter cast
全球性海平面变化 eustatic change of sealevel
缺氧事件 anoxic event
群体(复体)生物 colony/organisms

R

扰动层理 disturbed bedding
扰动构造 disturbed structure
热带碳酸盐岩陆架 tropical carbonate shelves
热沙漠 hot desert
溶解、沉淀现象 dissolution and precipitation
溶解载荷 solutional load

蠕动 creep
软泥 ooze
弱光带 disphotic zone

S

萨勃哈/盐沼 sabkha
三角洲 delta
三角洲平原 delta plain
三角洲前缘 delta front
三角洲体系 delta system
三角洲相 delta facies
三角洲序列 a series of delta
沙坝 bar
沙波 sand wave
沙火山 sand volcano
沙脊 sand ridge
沙流 sand flow
沙漠 desert
沙漠沉积体系 desert system
沙漠湖 desert lake
沙漠湖沉积物 desert lake deposits
沙漠相 desert facies
沙丘 sand dune
沙丘沉积物 sand dune deposits
沙丘交错层理 sand dune cross bedding
沙山 sand massifs
沙滩 beach
沙滩脊 beach ridge
沙体 sand body
沙纹 ripples
沙席 sand sheet
沙席沉积物 sand sheet deposits
沙嘴 spit
砂 sand
砂流 sand flow
砂屑 detritus
砂屑灰岩 calcarenite

砂岩 sandstone
砂岩岩床 sand sill
砂岩岩墙（砂岩岩脉）sand dike
砂枕构造 pillow structure
砂质扇 sand fan
筛积 sieve deposition
筛析作用 sieve deposition
山麓冲积平原 bajada
珊瑚 coral
扇端 lower fan
扇根 fanhead or upper fan
扇砾岩 fan glomerate
扇三角洲 fan delta
扇三角洲平原 fandelta plain
扇三角洲前缘 fandelta front
扇三角洲体系 fandelta system
扇中 midfan
上临滨 upper nearshore
上平底 upper plane bed
舌形波痕 lingoid ripple
深海（深湖）abyss/pelagic/deep sea
深海－半深海碎屑体系 pelagic clastic system
深海槽 trench
深海沉积 abyssal deposit/deep-sea deposit
深海平原 abyssal plain/deep-sea plain
深海软泥 abyssal ooze/deep-sea ooze/pelagic oozes
深海扇 abyssal fan/deep-sea fan
深海碎屑体系 pelagic environment
深海峡谷流体 canyo n current
深海相 abyssal facies/deep-sea facies
深海黏土 pelagic clays
深湖区 deep lake area
深湖相 deep lake facies
深水 bathymetric
深水盆地 bathymetric basin
渗透率 permeability
生长构造 growth structure
生物标准 biological criteria

生物层 biostrome
生物成因构造 organic structure
生物带 biozone
生物地层学 biostratigraphy
生物构造 biological structure
生物化石 fossils
生物灰岩 biolithite
生物活动 biological activity
生物礁 organic reef/reef
生物颗粒 bioclast
生物亮晶灰岩 biosparite
生物泥晶灰岩 biomicrite
生物丘 organic mound/bioherm
生物扰动 bioturbation
生物扰动构造 bioturbation structures
生物扰动作用 bioturbation
生物生长构造 growth structure
生物碎屑 bioclast/bioclastic
生物相 biofacies
生物遗迹 organic fieroglyph/biological trail
生物遗迹化石 trace fossil
生物与化学作用 animal-chemical
生物作用 biological processes
圣弗郎西斯三角洲 San Francisco delta of brazil
石膏 gypsum
石化作用 lithification
石灰岩 limestone
石漠 hamada
石漠沉积物 hamada deposits
石盐 halite
石英 quartz
石英净砂岩 quartz arenite
石英砂岩 quartz arenite/quartz sandstone/silicarenita
石英杂砂岩 quartzwacke
始成岩作用 eodiagenesis
示顶底构造 geopetal structure
收缩裂隙 shrikage crack

刷模 brush casts
双脊波痕 double-crested ripple
双壳 cephalopods
双壳类 bivalves
双向交错层理 bimodal cross bedding
双向水流 bimodal current
水道 channel/channel flow
水道充填交错层理 channel-fill crossbedding
水流 current/aqueous flow
水流波痕 current ripple
水流波痕层理 current-ripple bedding
水流波痕交错层理 current-generated crossbedding
水流痕 current mark
水流上涌 upwelling
水流线理 current lineation
水平层理（水平纹层、水平纹理） horizontallamination/horizontal bedding
水体分层 stratification of the water column
水文特征 hydrograghy
水下河道 subaqueous channel
水下泥石流 subaqueous debis flow
水下天然堤 subaqueous levee
水淹河谷型 drowned river valley
碎屑颗粒 clastic grain/detrital particle
碎屑流 debris flow
碎屑浅海 shallow siliciclastic sea
碎屑岩的结构 texture of siliciclastic rocks
碎屑岩的组成 components of clastic rocks
燧石 flint/chert
燧石结核 chert nodule/flint nodule

T

他生沉积物 allochthonous sediments
他形晶 anhedral crystal
塌积角砾岩/塌陷角砾岩 collapse breccia
台地 platform

台地边缘 platform margin
台地碳酸盐岩 platform carbonate
台风 hurricane
坍塌 falls
滩 bank
滩脊 beach ridge
碳酸盐 carbonate
碳酸盐潮坪 carbonate tidal flat
碳酸盐台地 carbonate platform
碳酸盐岩 carbonate rock/carbonatite
碳酸盐岩补偿深度
　　　carbonate compensationdepth (CCD)
碳酸盐岩沉积学 carbonate petrology
碳酸盐岩缓坡 rramp
碳酸盐岩隆(建隆) carbonate buildup
碳酸盐岩台地 carbonate platform
碳酸盐岩台地亚环境
　　　subenvironments oncarbonate platform
塘 pond
逃逸构造 escape structure
体系域 systems tract
天然堤 natural levee/levee
天然堤沉积 natural levee deposits
填集作用 packing
跳模 bounce casts
跳跃作用 saltation
铁岩 ironstone
铁质结核 iron nodule
铁质岩 ferruginous rock
停息迹 resting trace
同沉积滑塌构造
　　　syndepositional slump structure
同生白云岩 syngenetic dolostone
同生结核 syngenetic nodule
同生作用 syngenesis
同相位爬升波痕层理
　　　climbing ripple laminations in-phase/
　　　climb-ripple lamination in-phase

统计法 statistical method
头足类 cephalopods
透光带 photic zone
透镜状层理 lenticular bedding
凸岸 conve x bank
湍(紊)流 turbulent flow
团块 lumps
团粒 pellet
团粒化 pelletization
退(落)潮流 ebb current
退潮和涨潮三角洲 ebb-and flood-tidal delta
退潮三角洲 ebb delta
退覆层序 offlap sequence
退积扇 retrograding fan

W

洼状交错层理 swaley cross bedding
瓦尔特相律 Walther's Law
外滨 off shore
外脊 outer ridge
外陆棚 outer shelf
外扇 outer fan/di stal fan
外生沉积物 exogentic sediments
晚成岩作用 telodiagenesis
腕足 articulate/brachiopods
网状(交织)河流 anastomosing river/
anastomosed stream/anastomosed river
网状河道 anastomosing stream
微亮晶 microspar
温带碳酸盐岩陆架 temperate shelves
温跃层 thermoclime
文石(霰石) aragonite
纹层(细层) laminae/lamination
纹层状的 laminated
纹理 lamination
纹泥(季节泥) varve

紊流 turbulent/turbulent flow
沃塞尔相律 walther's law of facies
无光带 aphotic zone
无粘结性颗粒 cohesionless particle
物理风化 physical weathering
物理构造 physical structure
物理作用 physical processes
物源分析 provenace analysis
物源区 provenance

X

席状沙 sheet sand
细砾 granule
细流痕 rill mark
潟湖 lagoon
狭盐分生物 stenohaline sepcies
下临滨 lower nearshore
下平底 lower plane bed
咸化潟湖 salified lagoon
咸水湖 salt water lake
现代沉积物 modern sediment
线状沙脊 linear sand ridges
相（沉积相）facies
相变 facies variation/facies change
相标志 facies mark
相带 facies belt
相的构成 facies architecture
相对海平面 relative sea-level
相分布 facies distribution
相构成 facies architecture
相控制因素
  factors controlling the nature and distribution of facies
相模式 facies model
相区 facies province
相序（列）facies sequence（succession）

相序列 vertical facies profile
相组合 facies association
镶边台地 rimmed platform
向流面纹层 stosside
向上变粗 coarsening-upward
向上变粗旋回 coarsening-up ward sequence
向上变浅 shoaling-upward/shallowing upward
向上变深 deepening-upward
向上变细 finning-upward
向上变细旋回 finning-upward sequence
削顶波痕（平顶波痕）capped-off（truncated）ripple
小波痕 small ripples
小波痕叠加的大波痕 superimposed megaripples
小潮 neap tide
小间断 diastem
小型交错层理 small-scale cross bedding
小型流水波痕 small current ripple
楔状交错层理 wedge cross bedding/
    wedge-shaped cross
斜坡带碳酸盐岩 platform slope carbonate/
    slope carbonate
斜坡地形 clinoform
斜向沙坝 diagonal bar
泄水构造 water escape structure
泻湖 lagoon
心滩 channel bar
新月形波痕 lunate ripple
新月形沙丘 crescent dune/barchan dune
信风 trade winds
形态 morphology
休息迹 resting traces
悬浮（移）负载 suspended load
旋转层理 convolute bedding
选择性交代作用 selective replacement
雪花构造 snowflower structure
寻食迹 browsing traces

Y

压扁层理 flaser bedding
压刻痕（工具痕）tool mark
压溶构造 pressure solution/pressure-solution structure
压实作用 compaction
亚长石砂岩 subfeldspathic arenite
亚环境 subenvironments
亚相 subfacies
亚岩屑砂岩 sublithic arenite
沿岸流作用 coastal current
岩石地层学 lithostratigraphy
岩石学 petrology
岩相 lithofacies
岩相古地理 lithofacies paleogeography
岩相古地理图 lithofacies paleogeographic map
岩相图 lithofacies map
岩屑 clast/rock fragments/rockfragment/lithic
岩屑净砂岩 litharenite
岩屑砂岩 lithic arenite/lithic sandstone/rock fragment sandstone
岩屑杂砂岩 lithic greywacke
岩屑质长石净砂岩 lithic arkose
岩屑质长石砂岩 lithic feldspathic arenite
岩屑质石英砂岩 lithic quartz arenite
岩芯技术 piston coring
岩性 lithology
岩性图 lithological map
沿岸流 longshore current
沿岸沙坝 longshore bar
盐度 salinity
盐湖 brine lake/salt lake
盐碱滩 salina
盐类矿物的沉淀 saline mineral precipitation
盐水楔 salt water wedge
洋流 oceanic circulation
氧化作用 oxidation
页岩 shale
液化（作用）liquefaction
液化沉积物流 fluidized sediment flow/liquefied sediment flow
液化流 liquefied flow
伊利石 illite
遗迹 traces
遗迹化石 trace fossil/ichnofossil/tracefossil
遗迹相 ichnofacies
以摩擦力作用为主 friction-dominated
异化颗粒 allochem
异生海 allochthonous sea
硬底构造 hardground structure
硬砂岩 greywacke
硬石膏 anhydrite
涌浪 swells
尤尔斯特隆图解 Hiulstromdiagram
油页岩 oil shale
游泳生物 nekton organisms
有效孔隙度 effective porosity
羽状（鱼骨状）交错层理 herringbone cross bedding/herringbone cross bedding
雨痕 raindrop imprint/rain impression/raindrop mark
原理与概念 principle and concepts
原生沉积构造 primary sedimentary structure
原生孔隙 primary porosity
圆度（磨圆度）roundness
远滨 offshore
远沙坝 distal bar
远洋环境 pelagic environment
越岸沉积 overbank deposit
云母 mica
陨石撞击角砾岩 meteorite impact breccia

运动方式 fluid moving fashions
运动迹 moving traces
韵律层理 rhythmic bedding/rhythmites
韵律沉积 cyclothemic sedimentation/
　　　　　rhythmic sedimentation/

Z

杂基 matrix
杂基支撑 matrix supported
斜坡带碳酸盐岩 platform slope carbonate/
　　　　　　　slope carbonate
斜坡地形 clinoform
斜向沙坝 diagonal bar
泄水构造 water escape structure
泻湖 lagoon
心滩 channel bar
新月形波痕 lunate ripple
新月形沙丘 crescent dune/barchan dune
信风 trade winds
形态 morphology
休息迹 resting traces
悬浮（移）负载 suspended load
旋转层理 convolute bedding
选择性交代作用 selective replacement
雪花构造 snowflower structure
寻食迹 browsing traces

Y

压扁层理 flaser bedding
压刻痕（工具痕）tool mark
压溶构造 pressure solution/
　　　　　pressure-solution structure
压实作用 compaction
亚长石砂岩 subfeldspathic arenite

亚环境 subenvironments
亚相 subfacies
亚岩屑砂岩 sublithic arenite
沿岸流作用 coastal current
岩石地层学 lithostratigraphy
岩石学 petrology
岩相 lithofacies
岩相古地理 lithofacies paleogeography
岩相古地理图 lithofacies paleogeographic map
岩相图 lithofacies map
岩屑 clast/rock fragments/rockfragment/lithic
岩屑净砂岩 litharenite
岩屑砂岩 lithic arenite/lithic sandstone/
　　　　　rock fragment sandstone
岩屑杂砂岩 lithic greywacke
岩屑质长石净砂岩 lithic arkose
岩屑质长石砂岩 lithic feldspathic arenite
岩屑质石英砂岩 lithic quartz arenite
岩芯技术 piston coring
岩性 lithology
岩性图 lithological map
沿岸流 longshore current
沿岸沙坝 longshore bar
盐度 salinity
盐湖 brine lake/salt lake
盐碱滩 salina
盐类矿物的沉淀 saline mineral precipitation
盐水楔 saltwater wedge
洋流 oceanic circulation
氧化作用 oxidation
页岩 shale
液化（作用）liquefaction
液化沉积物流 fluidized sediment flow/
　　　　　　 liquefied sediment flow
液化流 liquefied flow
伊利石 illite
遗迹 traces

遗迹化石 trace fossil/ichnofossil/tracefossil
遗迹相 ichnofacies
以摩擦力作用为主 friction-dominated
异化颗粒 allochem
异生海 allochthonous sea
硬底构造 hardground structure
硬砂岩 greywacke
硬石膏 anhydrite
涌浪 swells
尤尔斯特隆图解 Hiulstromdiagram
油页岩 oil shale
游泳生物 nekton organisms
有效孔隙度 effective porosity
羽状（鱼骨状）交错层理
　　　herringbone cross bedding/
　　　herringbone cross bedding
雨痕 raindrop imprint/rain impression/
　　　raindrop mark
原理与概念 principle and concepts
原生沉积构造 primary sedimentary structure
原生孔隙 primary porosity
圆度（磨圆度） roundness
远滨 offshore
远砂坝 distal bar
远洋环境 pelagic environment
越岸沉积 overbank deposit
云母 mica
陨石撞击角砾岩 meteorite impact breccia
运动方式 fluid moving fashions
运动迹 moving traces
韵律层理 rhythmic bedding/rhythmites
韵律沉积 cyclothemic sedimentation/
　　　rhythmic sedimentation/

Z

杂基 matrix
杂基支撑 matrix supported
杂砂岩 graywacke/wacke
载荷 load
再沉积沉积物 reworked sediments
再沉积作用 resedimentation
再作用面（复活面）构造
　　　reactivation surface structure
藻类 algae/algal/algal grain
藻丘 algae mound
藻团块 algaelumps
藻团粒 algal poliods
藻席 algal mats
造礁珊瑚 hermatypic coral
黏度 viscosity
黏结灰岩 bindstones
黏结岩 boundstone
黏土级 clay size
黏土矿物 clay mineral
黏土岩 claystone
涨潮流 flood current
涨潮三角洲 flood delta
帐篷构造 teepee structure
障壁（岛） barrier island/barrier
障壁坝型 bar-built estuary
障壁海滩 barrier-beach
障壁礁 barrier reef
障壁沙坝 barrier bar
障壁沙嘴 barrier spit
障积岩 buffer stone/bafflestone
沼泽 marsh
沼泽相 swamp
阵发性水流 flash stream
蒸发性水流 short-term stream
蒸发岩 evaporites
蒸发作用 evaporation
正常沉积作用 normal bottom current

正递变层理 normal grading bedding
正砾岩 orthoconglomerate
正态分布 normal distribution
正向粒序(递变)层理 normal graded bedding
正旋回 fining-upwards sequence
直线形波痕 straight-crested ripple
直形河 straight river
植根 root of mangrove
植物根痕 root and rootlet trace
植物化石轮藻 charophytes
指状沙坝 bar-finger sand
中部 middle part
中潮坪 middle flat
中砾 pebble
中值 median
钟形 bell shape
众数 mode
重荷模 load cast
重晶石 barite
重矿物 heavy minerals
重力加速度 gravitational acceleration
重力流 gravity flow/graviyy current
重流体层 heavy-fluid layer
皱痕 wrinkle mark
主观认识阶段 subjective stage

铸模 mold
铸模孔隙 moldic porosity
铸型 cast
锥模 prod casts
准层序 parasequence
准层序组 parasequence set
准同生变形构造 penecontemporaneous deformation structure
浊积扇 turbidite fan
浊积石灰岩 allodapic limestone
浊积岩 turbidite
浊流 turbidity current
浊流沉积 turbidite deposit
浊流相 turbidite facies
自生沉积物 autochthonous sediments
自生的 authigenic
自生海 autochthonous sea
自形晶 euhedral
自悬浮 auto-suspension
纵向脊 longitudinal ridge
纵向沙坝 longitudinal bars
足迹 foot marks/track
组构 fabric
钻孔 boring

主要参考文献

操应长,马奔奔,王艳忠,等,2014. 东营凹陷盐家地区沙四上亚段近岸水下扇砂砾岩颗粒结构特征[J]. 天然气地球科学,25(6):793-803.

曹嘉猷,刘士安,高敏,等,2002. 测井资料综合解释[M]. 北京:石油工业出版社.

沉积相研究文集编委会,1989. 含油气盆地沉积相与油气分布[M]. 北京:石油工业出版社.

丁喜桂,叶思源,高宗军,2005. 粒度分析理论技术进展及其应用[J]. 世界地质,24(2):203-207.

冯增昭,1993. 沉积岩石学[M]. 北京:石油工业出版社.

何镜宇,孟祥化,1987. 沉积岩和沉积相模式及建造[M]. 北京:地质出版社.

姜在兴,2003. 沉积学[M]. 北京:石油工业出版社.

蒋明丽,2009. 粒度分析及其地质应用[J]. 石油天然气学报,31(1):161-163.

焦养泉,李思田,1998. 陆相盆地露头储层地质建模研究与概念体系[J]. 石油实验地质,20(4):346-353.

李思田,1996. 含能源盆地沉积体系[M]. 武汉:中国地质大学出版社.

刘宝珺,曾允孚,1985. 岩相古地理基础和工作方法[M]. 北京:地质出版社.

刘芳、王风华、谭滨田,2010. 胜坨地区坨76块沙四段上亚段砂砾岩体沉积特征及沉积模式[J]. 油气地质与采收率,17(5):48-50.

刘晖,操应长,袁静,等,2010. 胜坨地区沙四上亚段砂砾岩类型及储层特征[J]. 西南石油大学学报(自然科学版),32(5):10-11.

孙永传,李蕙生,1986. 碎屑岩沉积相和沉积环境[M]. 北京:地质出版社.

孙雨,马世忠,舒萍,等,2010. 松辽盆地兴城气田营四段砾岩储层粒度特征与沉积环境分析[J]. 石油天然气学报(江汉石油学院学报),32(4):171-176.

肖晨曦,李志忠,2006. 粒度分析及其在沉积学中应用研究[J]. 新疆师范大学学报(自然科学版),25(3):118-122.

杨光,2010. 岩芯图像砾石分析技术在砂砾岩扇体中的应用——以东营凹陷北部陡坡带扇体为例[J]. 油气地质与采收率,17(5):20-23.

杨贵祥,黄捍东,高锐,等,2009. 地震反演成果的沉积学解释[J]. 石油实验地质,31(4):415-419.

袁静,杨学君,路智勇,等,2011. 东营凹陷盐22块沙四上亚段砂砾岩粒度概率累积曲线特征[J]. 沉积学报,29(5):815-823.

张森桂,严惠君,2005. 国际地层表与 GSSP[J]. 地层学杂志,29(2):188-204.

张增奇,刘书才,张成基,等,2003. 中国区域年代地层(地质年代)表和国际地层表简介[J]. 山东国土资源,19(3):34-42.

朱筱敏,2007. 沉积岩石学[M]. 北京:石油工业出版社.

GALLOWAY W E, HOBDAY D K, 1996. Terrigenenous clastic depositional systems (2nd edition) [M]. Berlin:Springer-Ver-lag Berlin Heidelberg New York.

MOORHOUSE W W,马志先,吴国忠,1986. 岩石薄片研究入门[M]. 马绍周译. 北京:地质出版社.

READING H G, 1986. Sedimentary environments and facies (2nd edition) [M]. Oxford, London: Blackwell Scientific Publications.

TUCKER M E, 2003. Sedimentary rocks in the field(3rd edition) [M]. New York: John Willy & Sons Ltd.

TURKER M E, Wright V P, 1990. Carbonate sedimentology[M]. New York:Blackwell Scientific Publications.

LANDIM P M, Frakes L A,1968. Distinction between tills and other diamictons based on textural characteristics[J]. Journal of Sedimentary Petrology, 38(4):1213-1223.

SAHU B K, 1964. Depositional mechanisms from the size analysis of clastic sediments [J]. Journal of Sedimentary Research, 34(1):73-83.